机械职业教育教学指导委员会推荐教材
全国高等职业教育"十二五"规划教材
全国工业机器人技能培养系列精品教材

主审　杨海滨　叶伯生

工业机器人操作与编程

主　编　邢美峰

副主编　王慧东　王春暖　杨建中

参　编　高　嵩　黄学彬　马英桥　金　磊

电子工业出版社
Publishing House of Electronics Industry
北京·BEIJING

内 容 简 介

本书根据高等职业教育教学改革要求和工业机器人产业岗位技能需要，组织企业技术人员和职业院校骨干教师共同编写。本书采用基于工作任务导向的教学方法，介绍工业机器人的基本操作、在线示教、离线编程等内容。全书通过 6 个工业机器人应用典型案例——机器人搬运、涂胶、喷漆、数控机床上下料、码垛、喷釉，使读者学习和掌握工业机器人应用的方法与技巧；同时利用 CAD 软件的仿真功能，使读者能体会到高度仿真的真实工作任务与工作场景，从而全面掌握工业机器人应用的安装、配置与调试方法。

本书为高等职业本专科院校相应课程的教材，也可作为开放大学、成人教育、自学考试、中职学校和培训班的教材，以及企业工程技术人员的参考书。

本书配有免费的电子教学课件、习题参考答案等，详见前言。

图书在版编目（CIP）数据

工业机器人操作与编程 / 邢美峰主编. —北京：电子工业出版社，2016.2（2024.7 重印）
全国工业机器人技能培养系列精品教材
ISBN 978-7-121-28191-4

Ⅰ. ①工⋯　Ⅱ. ①邢⋯　Ⅲ. ①工业机器人－操作－高等学校－教材②工业机器人－程序设计－高等学校－教材　Ⅳ. ①TP242.2

中国版本图书馆 CIP 数据核字（2016）第 033079 号

策划编辑：陈健德（E-mail：chenjd@phei.com.cn）
责任编辑：李　蕊
印　　刷：北京七彩京通数码快印有限公司
装　　订：北京七彩京通数码快印有限公司
出版发行：电子工业出版社
　　　　　北京市海淀区万寿路 173 信箱　邮编　100036
开　　本：787×1 092　1/16　印张：13　字数：332.8 千字
版　　次：2016 年 2 月第 1 版
印　　次：2024 年 8 月第 15 次印刷
定　　价：32.00 元

凡所购买电子工业出版社图书有缺损问题，请向购买书店调换。若书店售缺，请与本社发行部联系，联系及邮购电话：（010）88254888，88258888。

质量投诉请发邮件至 zlts@phei.com.cn，盗版侵权举报请发邮件至 dbqq@phei.com.cn。
本书咨询联系方式：chenjd@phei.com.cn。

技术指导委员会 （排名不分先后）

主任单位：机械职业教育教学指导委员会

副主任单位：

武汉华中数控股份有限公司	重庆华数机器人有限公司
佛山华数机器人有限公司	深圳华数机器人有限公司
武汉高德信息产业有限公司	华中科技大学
武汉软件工程职业技术学院	包头职业技术学院
鄂尔多斯职业技术学院	重庆工业技师学院
重庆市机械高级技工学校	辽宁建筑职业学院
长春机械工业学校	内蒙古机电职业技术学院

秘书长单位：武汉高德信息产业有限公司

委员单位：

东莞理工学院	许昌技术经济职业学校
重庆工贸技师学院	武汉第二轻工业学校
长春职业技术学院	四川仪表工业学校
河南森茂机械有限公司	武汉华大新型电机有限公司
赤峰工业职业技术学院	石家庄市职业教育技术中心
广东轻工职业技术学院	

序 言

当前，以机器人为代表的智能制造，正逐渐成为全球新一轮生产技术革命浪潮中最澎湃的浪花，推动着各国经济发展的进程。随着工业互联网、云计算、大数据、物联网等新一代信息技术的快速发展，社会智能化的发展趋势日益显现，机器人的服务也从工业制造领域，逐渐拓展到教育娱乐、医疗康复、安防救灾等诸多领域。机器人已成为智能社会不可或缺的人类助手。就国际形势来看，美国"再工业化"战略、德国"工业4.0"战略、欧洲"火花计划"、日本"机器人新战略"等，均将"机器人产业"作为发展重点，试图通过数字化、网络化、智能化夺回制造业优势。就国内发展而言，经济下行压力增强、环境约束日益趋紧、人口红利逐渐摊薄，迫切需要转型升级，形成增长新引擎，适应经济新常态。目前，中国政府提出的"中国制造2025"战略规划，其中以机器人为代表的智能制造是难点也是挑战，是思路更是出路。

近年来，随着劳动力成本的上升和工厂自动化程度的提高，中国工业机器人市场正步入快速发展阶段。据统计，2015上半年我国机器人销量达到5.6万台，增幅超过了50%，中国已经成为全球最大的工业机器人市场。国际机器人联合会的统计显示，2014年在全球工业机器人大军中，中国工厂的机器人使用数量约占四分之一。而预计到2017年，中国工业机器人数量将居全球之首。然而，机器人技术人才急缺，"数十万高薪难聘机器人技术人才"已经成为社会热点问题。因此"机器人产业发展，人才培养必须先行"。

目前，我国有少数职业院校已开设机器人相关专业，但缺乏相应的师资和配套教材，也缺少工业机器人实训设施。凭借这样的条件，很难培养出合格的机器人技术人才，也将严重制约机器人产业的发展。

综上，要实现我国机器人产业发展目标，在职业院校广泛开展工业机器人技术人才及骨干师资培养示范建设，为机器人产业的发展提供人力资源支撑，非常必要和紧迫。而面对机器人产业强劲的发展势头，不论是从事工业机器人系统的操作、编程、运行与管理等高技能应用型人才，还是从事一线教学的广大教育工作者都迫切需要实用性强、通俗易懂的机器人专业教材，编写和出版职业院校的机器人专业教材迫在眉睫、意义重大。

在这样的背景下，华中数控股份公司与华中科技大学国家数控系统工程技术研究中心、武汉高德信息产业有限公司、电子工业出版社、华中科技大学出版社、武汉软件工程职院、包头职业技术学院、鄂尔多斯职业技术学院等单位，产、学、研、用相结合，组建"工业机器人产教联盟"，组织企业调研及其研讨会，编写了系列教材。

本套教材具有以下鲜明的特点：

1. 前瞻性强。作为一个服务于经济社会发展的新专业，本套教材含有工业机器人高职人才培养方案、高职工业机器人专业建设标准、课程建设标准、工业机器人拆装与调试等内容，覆盖面广，前瞻性强，是针对机器人专业职业教学的一次有效、有益的大胆尝试。

2. 系统性强。本系列教材基于工业机器人、电气自动化、机电一体化等专业课程；

针对数控实习进行改革创新，引入工业机器人实训项目；根据企业应用需求，编写相关教材、组织师资培训，构建工业机器人教学信息化平台等。为课程体系建设提供了必要的系统性支撑。

3. 实用性强。本系列教材涉及课程内容有：机器人操作、机器人编程、机器人维护维修、机器人离线编程、机器人应用等。本系列教材凸显理实一体化教学理念，把导、学、教、做、评等各环节有机地结合在一起，以"弱化理论、强化实操，实用、够用"为目的，加强对学生实操能力的培养，让学生在"做中学，学中做"，贴合当前职业教育改革与发展的精神和要求。

本系列教材在行业企业专家、技术带头人和一线科研人员的带领下，经过反复研讨、修订和论证，完成了编写工作。企业人员有着丰富的机器人应用、教学和实践经验。在这里也希望同行专家和读者对本系列教材的不足之处予以批评指正，不吝赐教。我坚信，在众多有识之士的努力下，本系列教材将促进机器人行业的教育与应用水平，在新时代为国家经济发展做出应有贡献。

"长江学者奖励计划" 特聘教授
华中科技大学常务副校长
华中科技大学教授、博导

前　言

　　全球许多国家约半个世纪的工业机器人使用实践表明，工业机器人的普及是实现自动化生产、提高社会生产效率、推动企业和社会生产力快速发展的有效手段。在发达国家中，工业机器人自动化生产线成套设备已成为自动化装备的主流及未来发展方向。国际先进国家在汽车、电子电器、工程机械等行业已经大量使用工业机器人自动化生产线，以保证产品质量，提高生产效率，同时避免了大量的工伤事故。在我国，随着人口红利逐渐下降和企业用工成本不断上涨，工业机器人正逐步走进公众的视野，工业机器人技术也取得不断进步，国家在机器人产业政策上给予倾斜和支持，给其发展带来重大的机遇。随着工业机器人的逐渐普及，社会需要越来越多的具有不同专业背景的机器人技能型人才。

　　为满足社会人才需求，国内许多院校已开设机器人专业或课程，但适合职业教育的教材数量较少，市面上的大多数图书不能满足机器人实际操作和应用需要，企业的机器人操作和使用人员多依赖商业机器人产品的用户手册，缺乏相关的理论指导。在这种情况下组织企业技术人员和职业院校骨干教师共同编写本书，使内容兼顾理论与实践操作，采用基于工作任务导向的教学方法来介绍工业机器人的基本操作、在线示教、离线编程等内容。选择的典型学习任务易于实现教学和操作技能训练，达到触类旁通的目的，从而掌握工业机器人编程与操作的基本技能。

　　本书通过 6 个工业机器人应用典型案例——机器人搬运、涂胶、喷漆、数控机床上下料、码垛、喷釉，使读者学习和掌握工业机器人应用的方法与技巧。利用 CAD 软件的仿真功能，在各个工作站中集成夹具动作、物料搬运、周边设备动作等多种动画效果，使得机器人工作站能够高度仿真真实的工作任务与工作场景，从而令读者能全面掌握工业机器人应用的安装、配置与调试方法。

　　本书由包头职业技术学院邢美峰主编和统稿。其中任务 1 和任务 2 由包头职业技术学院王春暖编写，任务 3 和任务 4 由包头职业技术学院邢美峰编写，任务 5 和任务 6 由包头职业技术学院王慧东编写，任务 7 由华中科技大学杨建中、高嵩编写，黄学彬、马英桥、金磊参与编写和审校工作。在编写过程中参阅和借鉴了许多书籍，并得到武汉华中数控股份有限公司、重庆华数机器人有限公司和武汉高德信息产业有限公司有关领导和专家的大力支持，在此表示由衷的感谢。

　　由于编者的学识和经验有限，虽已尽心尽力，但书中仍难免存在疏漏或不妥之处，敬请有关专家和读者予以批评指正。

　　为方便教学，本书配有免费的电子教学课件、习题参考答案，请有需要的教师登录华信教育资源网（http://www.hxedu.com.cn）免费注册后进行下载，如有问题请在网站留言或与电子工业出版社联系（E-mail:hxedu@phei.com.cn）。如果需要更多的资源，请登录中国智造.立方学院（ 🛡 http://www.accim.com.cn）注册后下载使用。

编　者

目 录

任务 1

认识工业机器人

工业机器人是集机械、电子、控制、计算机、传感器、人工智能等多学科先进技术于一体的现代制造业中重要的自动化装备。随着科学技术的不断发展，工业机器人已成为柔性制造系统（FMS）、计算机集成制造系统（CIMS）的自动化工具。广泛采用工业机器人，不仅可提高产品的质量与数量，而且对保障人身安全，改善劳动环境，减轻劳动强度，提高劳动生产率，节约原材料消耗及降低生产成本有着十分重要的意义。

任务目标

（1）了解工业机器人的工作原理、系统组成及基本功能；
（2）掌握工业机器人的控制方式及手动操作。

知识目标

（1）掌握工业机器人的结构；
（2）理解工业机器人坐标系的意义；
（3）熟悉示教器的操作界面及基本功能。

能力目标

（1）会启动工业机器人；
（2）能完成单轴移动的手动操作；
（3）会操作示教器控制工业机器人回到参考点。

任务描述

本任务将以 HSR-JR 608 工业机器人为例，介绍工业机器人的工作原理、系统组成及基本功能，使大家掌握工业机器人的控制方式和手动操作，为下一步编程操作工业机器人做好技术准备。

1.1　工业机器人的组成、规格与基本操作

在操作工业机器人之前，需要了解工业机器人的基本结构与运动形式，并掌握工业机器人控制系统对工业机器人关节正方向、关节参考点、坐标系的定义，了解工业机器人的工作空间等相关知识。

1.1.1　工业机器人的分类及应用

工业机器人一般是指用于机械制造业中代替人完成要求大批量、高质量的工作的机器人，如汽车制造、摩托车制造、船舶制造、电子及化工等行业自动化生产线中的搬运、焊接、切割、装配、喷涂、码垛等工业机器人。国际上关于机器人的分类目前没有统一标准，一般按控制方式、自由度、结构、应用领域进行分类。由于机器人还在不断地完善和发展中，按不同的分类方式划分机器人的种类也不相同。

1. 按臂部的运动形式分

按臂部的运动形式可分为以下几类，如图1-1所示。

（1）直角坐标机器人，臂部可沿3个直角坐标移动。

（2）关节机器人，臂部有多个转动关节。

（3）圆柱坐标机器人，臂部可做升降、回转和伸缩动作。

（4）组合结构机器人，臂部可以实现直线、旋转、回转、伸缩。

（5）球坐标机器人，臂部能回转、俯仰和伸缩。

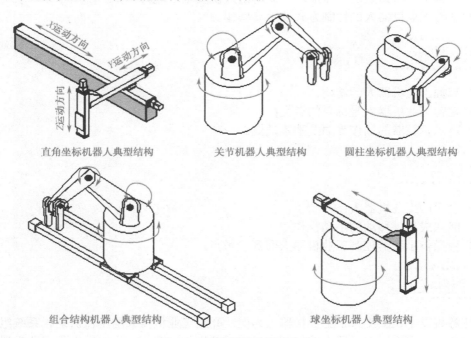

图1-1　按臂部运动形式分类

2. 按执行机构运动的控制机能分

按执行机构运动的控制机能可分为点位型和连续轨迹型。

点位型：控制执行机构由一点到另一点的准确定位，适用于机床上下料、点焊和一般的搬运与装卸等作业。

连续轨迹型：可控制执行机构按给定轨迹运动，适用于连续焊接和涂装等作业。

3. 按程序输入方式分

按程序输入方式可分为离线输入型和示教输入型两类。

离线输入型是将计算机上已编好的作业程序文件，通过 RS232 串口或者以太网等通信方式传送到机器人控制系统。

示教输入型的示教方法有两种：一种是由操作者用手动控制器（示教器）将指令信号传给驱动系统，使执行机构按要求的动作顺序和运动轨迹操演一遍；另一种是由操作者直接移动执行机构，按要求的动作顺序和运动轨迹操演一遍。

示教输入型工业机器人也称为示教再现型工业机器人。

4. 按应用领域分类

工业机器人按应用领域分类可分为搬运机器人、装配机器人、上下料机器人、焊接机器人、码垛机器人、喷涂机器人等。

1.1.2　工业机器人的组成

工业机器人由本体、驱动系统和控制系统 3 个基本部分组成。本体即机座和执行机构，包括臂部、腕部和手部，有的机器人还有行走机构；驱动系统包括动力装置和传动机构，用以使执行机构产生相应的动作；控制系统是按照输入的程序对驱动系统和执行机构发出指令信号，并进行控制。下面以 HSR-JR 608 工业机器人为例进行说明，如图 1-2 所示。

工业机器人本体一般采用空间开链连杆机构，其中的运动副（转动副或移动副）常称为关节，关节个数通常即为工业机器人的自由度数，大多数工业机器人有 3～6 个运动自由度。根据关节配置形式和运动坐标形式的不同，工业机器人执行机构可分为直角坐标式、圆柱坐标式、极坐标式和关节坐标式等类型。

图 1-2　HSR-JR 608 工业机器人

出于拟人化的考虑，常将工业机器人本体的有关部位分别称为基座、腰部、臂部、腕部、手部（夹持器或末端执行器）等。

如图 1-3 所示为一典型的 6 轴工业机器人，J1、J2、J3 为定位关节，手腕的位置主要由这 3 个关节决定；J4、J5、J6 为定向关节，主要用于改变手腕姿态。

工业机器人驱动系统的作用是为执行元件提供动力，驱动系统的传动有液压、气动、电动 3 种类型。HSR-JR 608 工业机器人采用电动伺服驱动方式（交流电动机），有一个关节（轴）和一个驱动器。该驱动装置采用位置传感器、速度传感器等传感装置来实现位置、速度和加速度的闭环，不仅能提供足够的功率来驱动各个轴，而且能实现快速而频繁的启停并精确到位。

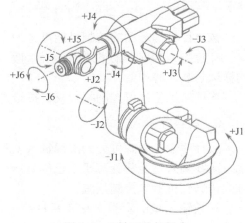

图 1-3　6 轴工业机器人

HSR-JR 608 工业机器人的传动结构臂部采用 RV 减速器，腕部采用谐波减速器。

HSR-JR 608 工业机器人控制系统主要由 HTP 机器人示教器及运行在设备上的软件所组成。机器人控制器一般安装于机器人电柜内部，控制机器人的伺服驱动、输入/输出等主要执行设备；机器人示教器一般通过电缆连接到机器人电柜上，作为上位机通过以太网与控制器进行通信。借助 HTP 示教器，用户可以实现 HSR-JR 608 工业机器人控制系统以下控制功能：

（1）手动控制机器人运动；

（2）机器人程序示教编程；

（3）机器人程序自动运行；

（4）机器人运行状态监视；

（5）机器人控制参数设置。

1.1.3　工业机器人的坐标系

工业机器人一般有 4 个坐标系，即基坐标系、关节坐标系、工具坐标系、工件坐标系。

（1）基坐标系（即笛卡儿坐标系）。基坐标系原点位于 J1 与 J2 关节轴线的公垂线与 J1 轴线的交点处，Z 轴与关节轴线重合；X 轴与 J1 与 J2 关节轴线的公垂线重合，从 J1 指向 J2 关节；Y 轴按右手定则确定，坐标系方向如图 1-4 所示。基坐标系是其他坐标系的基础，工具坐标系和工件坐标系是在基坐标系下定义的。在示教器中显示的数值是工具坐标系的位姿，即 X、Y、Z 值为工具坐标系原点在基坐标系中的位置，A、B、C 值为工具坐标系坐标轴在基坐标系中的姿态。

（2）关节坐标系，即为每个轴相对参考点位置的绝对角度。机器人控制系统对各关节正方向的定义如图 1-3 所示。可以简单地记为 J2、J3、J5 关节以"抬起/后仰"为正，"降下/前倾"为负；J1、J4、J6 关节满足右手定则，即拇指沿关节轴线指向机器人末端，则其他 4 指方向为关节正方向。在关节坐标系中可以进行单个轴的移动操作。

（3）工具坐标系，即安装在机器人末端的工具坐标系，原点及方向都是随着末端位置与角度不断变化的。HSR-JR 608 工业机器人默认 0 号工具坐标系位于 J4、J5、J6 关节轴线共同的交点处。Z 轴与 J6 关节轴线重合；X 轴与 J5 和 J6 关节轴线的公垂线重合；Y 轴按右手定则确定，坐标系方向如图 1-4 所示。该坐标系实际是将基坐标系通过旋转及位移变化而来的。

（4）工件坐标系，即用户自定义坐标系。工件坐标系是在工具活动区域内相对于基坐标系设定的坐标系。可通过坐标系标定或者参数设置来确定工件坐标系的位置和方向。每一个工件坐标系与标定工件坐标系时使用的工具相对应。对机器人编程时就是在工件坐标系中创建目标和路径。如果工具在工件坐标系 A 中和在工件坐标系 B 中的轨迹相同，则可将 A 中的轨迹复制一份给 B，无须对一样的重复轨迹编程。所以，巧妙地建立和应用工件坐标系可以减少示教点数，简化示教编程过程。

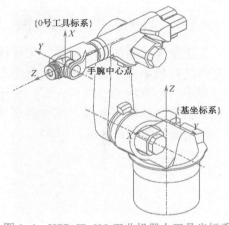

1.1.4　工业机器人的基本规格

工业机器人的基本规格包括机构形态、自由度、最大可搬运质量、重复定位精度、运动范围、运动速度、容许力矩等，HSR-JR 608 工业机器人的基本规格见表 1-1。

图 1-4　HSR-JR 608 工业机器人工具坐标系

表 1-1　HSR-JR 608 工业机器人的基本规格

自由度		6
驱动方式		交流伺服驱动器
有效负载		8 kg
重复定位精度		±0.08 mm
最大工作半径		1 360 mm
主机重量		180 kg
伺服电动机		高性能交流伺服电机
减速机		RV 减速机和谐波减速机
控制器		华中 8 型高档机器人控制系统，预留 I/O 输入/输出点
运动范围	J1 轴	±170°
	J2 轴	−115°/+145°
	J3 轴	−80°/+140°
	J4 轴	±180°
	J5 轴	±120°
	J6 轴	±360
额定速度	J1 轴	2.58 rad/s，148°/sec
	J2 轴	2.58 rad/s，148°/sec
	J3 轴	2.58 rad/s，148°/sec
	J4 轴	6.28 rad/s，360°/sec
	J5 轴	3.93 rad/s，225°/sec
	J6 轴	6.28 rad/s，360°/sec
适用环境	温度	0～45 ℃
	湿度	20%～80%
	其他	避免与易燃易爆或腐蚀气体、液体接触，远离电子噪声源（等离子）
总线方式		NCUC 总线通信
安装方式		地面安装

1.1.5　工业机器人工作空间

　　工作空间又叫作工作范围、工作区域，是设备所能达到的所有空间区域。机器人的工作空间是指机器人手臂末端或手腕中心（手臂或手部安装点）所能到达的所有点的集合，不包括手部本身所能到达的区域。由于末端执行器的形状和尺寸是多种多样的，因此为真实反映机器人的特征参数，工作范围是指不安装末端执行器的工作区域。机器人外形尺寸和工作空间如图 1-5 所示。

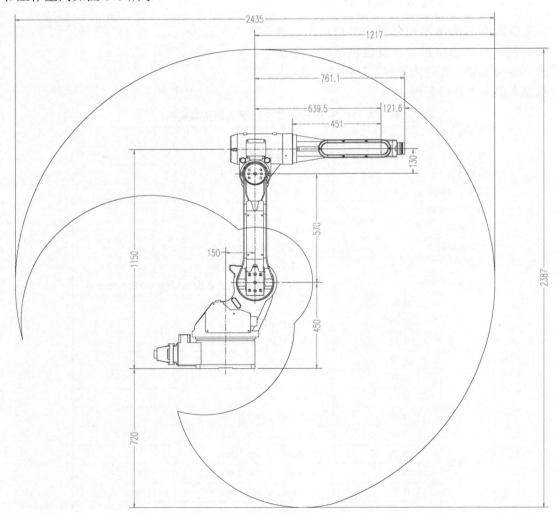

图 1-5　机器人外形尺寸和工作空间

　　工作范围的形状和大小是十分重要的，机器人在执行某作业时可能会因存在手部不能到达的作业死区而不能完成任务。

1.1.6　工业机器人电气控制柜

　　HSR-JR 608 工业机器人电气控制柜及其面板如图 1-6 和图 1-7 所示。

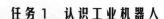

任务 1　认识工业机器人

图 1-6　HSR-JR 608 工业机器人电气控制柜　　　　图 1-7　HSR-JR 608 工业机器人电气控制柜面板

（1）电源开关：在 AUTO 模式下，用于启动或重启机器人的操作。

（2）急停开关：通过切断伺服电源立刻停止机器人和外部轴的操作。一旦按下该开关即保持紧急停止状态，顺时针方向旋转可解除紧急停止状态。

（3）伺服指示：接通伺服电源。

（4）报警指示：指示系统有报警。

（5）电源指示：指示控制系统上电。

1.1.7　示教器基本功能与操作

示教器主要由液晶屏和操作键组成。示教-再现型机器人的所有操作基本上都是通过示教器来完成的，所以掌握各个按键的功能和操作方法是使用示教器操作机器人的前提。

HSR-JR 608 工业机器人示教器按键配置图如图 1-8 所示。

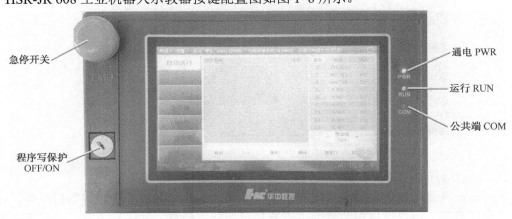

图 1-8　HSR-JR 608 工业机器人示教器按键配置图

7

1. 示教器按键名称及功能说明

（1）急停开关：通过切断伺服电源立刻停止机器人和外部轴的操作。一旦按下该开关即保持紧急停止状态，顺时针方向旋转可解除紧急停止状态。

（2）程序写保护：示教器上有个锁孔，用钥匙可以打开（ON）或关闭（OFF）。当处于打开状态时，可以编辑和删除程序；当开启写保护时，系统内的数据不会被修改，可以有效保护系统内的程序数据。

2. 示教器菜单及窗口

（1）自动运行界面如图 1-9 所示。

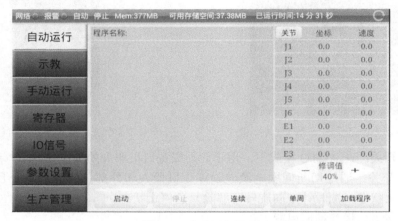

图 1-9　自动运行界面

在自动操作模式下可以运行机器人程序，任何程序都必须先加载到内存中才能运行。

（2）示教界面如图 1-10 所示。示教界面主要提供程序修改、编辑功能。

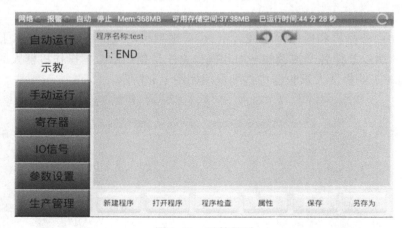

图 1-10　示教界面

（3）手动运行界面如图 1-11 所示。

手动运行界面是机器人控制系统的主窗口界面，主要用于显示和设置当前组号、运行模式、坐标系等，用户可以在此界面中查看当前的状态信息，并进行设置。此界面分为两部分，上半部分用于显示坐标位置和控制轴的运转，通过点动模式控制机器人运转。下半部

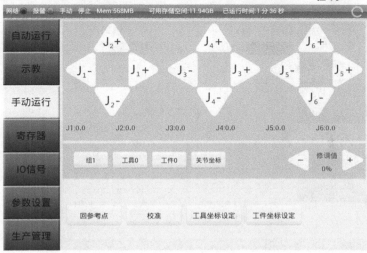

图 1-11　手动运行界面

分用于显示关键信息，单击相应按钮，即可对指定的信息进行设置和操作。

（4）寄存器界面如图 1-12 所示。

R寄存器		位置寄存器	
R[0]	0.0	PR[0]	关节坐标
R[1]	0.0	PR[1]	关节坐标
R[2]	0.0	PR[2]	关节坐标
R[3]	0.0	PR[3]	关节坐标
R[4]	0.0	PR[4]	关节坐标
R[5]	0.0	PR[5]	关节坐标
R[6]	0.0	PR[6]	关节坐标
R[7]	0.0	PR[7]	关节坐标
R[8]	0.0	PR[8]	关节坐标
R[9]	0.0	PR[9]	关节坐标
R[10]	0.0	PR[10]	关节坐标
R[11]	0.0	PR[11]	关节坐标

图 1-12　寄存器界面

寄存器分为 R 寄存器和位置寄存器。控制系统支持 200 个 R 寄存器变量，寄存器从 0 开始编号，可以设置 R 寄存器的值。位置寄存器作为全局变量，用于存放位置信息。控制系统支持 100 个位置寄存器，寄存器从 0 开始编号。可以对指定位置寄存器的坐标类型、组和坐标值进行设置修改。

（5）I/O 信号界面如图 1-13 所示。

机器人控制系统提供了完备的 I/O 通信接口，可以方便地与周边设备进行通信。本系统的 I/O 板提供的常用信号有输入信号 X 和输出信号 Y。在 I/O 信号界面内可以对这些输入/输出状态进行管理和设置。

（6）参数设置界面如图 1-14 所示。实现对机器人控制系统的设置，包括设置权限、参数、工具/工件坐标系及系统日期等。

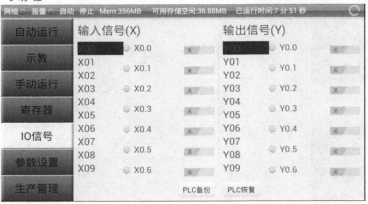

图 1-13　I/O 信号界面

图 1-14　参数设置界面

参数包括系统参数、组参数和轴参数。本系统支持 5 个控制组，最多 32 个物理轴。组参数与轴参数相互关联，每个组最多可以配置 9 个逻辑轴。用户可根据需要设置物理轴与逻辑轴之间的映射关系，详见组参数设置详细信息。

注意：每个物理轴只能对应一个组的一个逻辑轴，不能进行多重映射。配置好的物理轴可以在轴参数列表中查看该轴所属控制组的情况。

（7）生产管理界面如图 1-15 所示。

该界面主要显示与生产相关的一些信息，如软件版本、使用期限、操作人员，以及当前连接的网络状态、报警历史和操作记录等。

1.1.8　工业机器人操作安全注意事项

工业机器人与其他机械设备相比，其动作范围大、动作迅速等都会造成安全隐患。因此，操作人员必须经过专业培训，了解系统指示灯及按钮的用途，熟知最基本的设备知识、

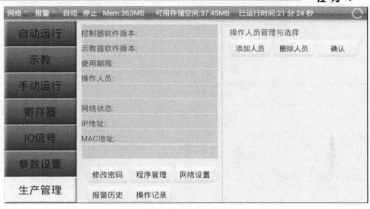

图 1-15 生产管理界面

安全知识及注意事项后方可使用。

（1）穿戴和使用规定的工作服、安全鞋、安全帽、保护用具等。

（2）机器人工作前的检测工作如下。

① 线槽、导线无破损外露。

② 机器人本体、外部轴上严禁摆放杂物、工具等。

③ 控制柜上严禁摆放装有液体的物件（如水瓶）。

④ 无漏气、漏水、漏电现象。

⑤ 需仔细确认示教器的安全保护装置，如急停开关是否能正确工作。

（3）开机。

① 打开总电闸。

② 控制柜上电。

③ 机器人在接通电源后无报警，方可操作进行作业。

（4）用示教器操作机器人及运行作业时，请确认机器人动作范围内没有人员及障碍物。机器人处于自动模式时，任何人员都不允许进入其运动所及的区域。调试人员进入机器人工作区域时，必须随身携带示教器，以防他人误操作。

（5）示教器使用后，应摆放到规定位置，远离高温区，不可放置在机器人工作区域以防发生碰撞，造成人员与设备的损坏事故。

（6）保持机器人安全标记的清洁、清晰，如有损坏应及时更换。

（7）作业结束，为确保安全，要养成按下急停开关，切断机器人伺服电源后再断开电源开关的习惯，拉总电闸，清理设备，整理现场。

（8）机器人停机时，夹具上不应置物，必须空机。

（9）机器人在发生意外或运行不正常等情况下，应立即按下急停开关，停止运行。

（10）因为机器人在自动状态下，即使运行速度非常低，其动量仍很大，所以在进行编程、测试及维修等工作时，必须将机器人置于手动模式。

（11）在手动模式下调试机器人时，如果不需要移动机器人，则必须及时释放使能器（EnableDevice）。

（12）突然停电后，要赶在来电之前预先关闭机器人的电源开关，并及时取下夹具上的工件。

（13）必须保管好机器人钥匙，严禁非授权人员使用机器人。

对本任务的考核与评价参照表 1-2。

表 1-2 考核与评价

基本素养（30分）			
序号	评估内容	自评	互评	师评
1	纪律（无迟到、早退、旷课）（10分）			
2	安全规范操作（10分）			
3	参与度、团队协作能力、沟通交流能力（10分）			
理论知识（25分）			
序号	评估内容	自评	互评	师评
1	机器人的分类、坐标系（5分）			
2	HSR-JR 608 工业机器人基本规格（5分）			
3	HSR-JR 608 工业机器人工作范围（5分）			
4	HSR-JR 608 工业机器人电气控制系统（5分）			
5	HSR-JR 608 工业机器人示教器功能界面（5分）			
技能操作（45分）			
序号	评估内容	自评	互评	师评
1	严格执行机器人安全操作规程（5分）			
2	正确启动、关闭 HSR-JR 608 工业机器人（10分）			
3	返回参考点（10分）			
4	正确区分 HSR-JR 608 工业机器人的各运动轴（10分）			
5	根据需要正确选择示教器功能界面（10分）			
综合评价			

1.2 手动操作工业机器人

1.2.1 工业机器人的手动运行界面

机器人的运动可以是连续的，也可以是步进的，可以是单轴独立的，也可以是多轴联动的，这些运动都可以通过示教器手动操作来实现。如图 1-16 所示，手动运行界面是机器人控制系统的主窗口界面，主要用于显示和设置当前组号、运行模式、坐标系等，用户可以在此界面中查看当前的状态信息，并进行设置。

此界面分为两部分，上半部分用于显示坐标位置和控制轴的运转，通过点动模式控制机器人运转。下半部分用于显示关键信息，单击相应按钮，即可对指定的信息进行设置和操作。

如图 1-17 所示是关节坐标系的参考点位置，机器人在该点设有参考点刻度标志，用于机器人关节轴校准。HSR-JR 608 工业机器人控制系统定义在该位置下，J1～J6 角度依次为 0°、90°、0°、0°、−90°、0°。

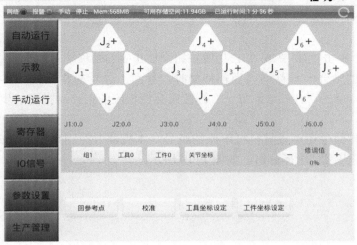

图 1-16　手动运行界面

1.2.2　工业机器人的基本操作

1. 工业机器人的启动

闭合实验室的总电源开关，然后使如图 1-18 所示的电源开关置于 ON 位置，电源指示灯亮，系统上电，示教器操作面板上的 PWR 指示灯亮，RUN 指示灯亮，然后释放图中的急停开关和示教器操作面板上的急停开关（按急停开关上的箭头指示方向右旋）。

图 1-17　HSR-JR 608 工业机器人参考点位置　　图 1-18　HSR-JR 608 工业机器人电气控制柜面板

2. 工业机器人的单轴移动

选择如图 1-16 所示的手动运行界面，单击"修调值"的"+"或"-"按钮调整值大小，修调值依次为 VFINE、FINE、1、2、3、4、5、10、20、30、40、50、60、70、80、90、

100。其中，VFINE 是增量模式，且步长为1；FINE 也是增量模式，且步长为10；其他值均为连续模式。

连续模式下，单击"J1+"或"J1-"等按钮会使相应的轴移动。当长按"J1+"或"J1-"等按钮时，相应的轴会一直移动（当轴移动时，界面上显示的相应坐标值也会随之改变）。

增量模式下，单击"J1+"或"J1-"等按钮会使相应的轴移动指定的步长，不论按下的时间长短。

在手动运行界面中还可设置机械单元的组号。本机器人控制系统可选择的组号为 1～5。单击"组 1"可弹出组号选择窗口，如图 1-19 所示。

⚠ 组号选择	
组1	启用 ◉
组2	未启用 ○
组3	未启用 ○
组4	未启用 ○
组5	未启用 ○
确认	取消

图 1-19　组号选择窗口

按下"取消"按钮，页面回到手动运行界面，组号不修改。

3. 工业机器人的参考点设定

首先，在手动模式下控制机器人各关节轴移动至标准零点姿态；然后，在如图 1-20 所示的校准界面中输入各关节轴的零点值（如从轴 1～轴 6 分别为 0、90、0、0、-90、0 或者 0、90、90、0、-90、0）；最后，按下"确认"按钮，完成校准。对单轴进行校准，单击"校准"按钮，可调整机器人各轴的运动误差。选中需要校准的轴，输入校准值，即可校准该轴。

注意： 校准操作完成后，系统可能提示"重启后生效"，请重启控制系统。

⚠ 校准	
轴号	关节轴
J1	***
J2	***
J3	***
J4	***
J5	***
J6	***
E1	***
确认	取消

图 1-20　校准界面

4. 工业机器人的回参考点操作

在如图 1-21 所示的界面下单击"回参考点"按钮，如图 1-22 所示，然后弹出如图 1-23 所示的对话框，单击其中的"全部回零"按钮。

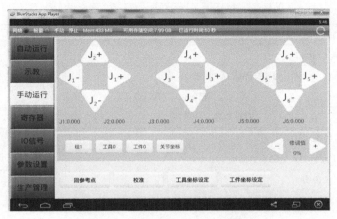

图 1-21　回参考点（1）

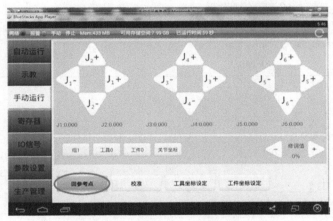

图 1-22　回参考点（2）

图 1-23　回参考点（3）

对本任务的考核与评价参照表 1-3。

表 1-3　考核与评价

基本素养（30分）				
序号	评估内容	自评	互评	师评
1	纪律（无迟到、早退、旷课）（10分）			
2	安全规范操作（10分）			
3	参与度、团队协作能力、沟通交流能力（10分）			
理论知识（30分）				
序号	评估内容	自评	互评	师评
1	机器人坐标系的选择（10分）			
2	HSR-JR 608 工业机器人坐标系的标定（10分）			
3	示教器的使用（10分）			
技能操作（40分）				
序号	评估内容	自评	互评	师评
1	HSR-JR 608 工业机器人各轴的校准(10分)			
2	手动点动移动各轴（15分）			
3	手动连续移动各轴（15分）			
综合评价				

思考与练习题 1

一、填空题

1. 工业机器人由_____、_____和_____3 个基本部分组成。

2. 工业机器人一般有 4 个坐标系，_____、_____、_____和_____。

3. 工业机器人本体一般采用_____机构，其中的运动副（转动副或移动副）常称为关节，关节个数通常即为机器人的自由度数，大多数工业机器人有_____个运动自由度。

4. 工业机器人按应用领域分类可分为搬运机器人、_____、_____、_____、_____、_____等。

二、简答题

1. 简述工业机器人的定义。

2. 简述工业机器人的主要应用领域。

3. 简述操作工业机器人时需要注意的安全事项。

4. HSR-JR 608 工业机器人控制系统的主要控制功能有哪些？

5. 按臂部的运动形式分类，工业机器人可分为哪几类？

三、操作题

1．分别在基坐标系、关节坐标系、工具坐标系下，以 3 种不同的姿态接近一固定点。

2．分别在基坐标系和工具坐标系下，手动操作工业机器人绕一点运动。

拓展与提高 1——十大工业机器人品牌

1．发那科（日本）

发那科（FANUC）是日本一家专门研究数控系统的公司，成立于 1956 年，是世界上最大的专业数控系统生产厂家，占据了全球 70% 的市场份额。FANUC 公司于 1959 年首先推出了电液步进电动机，在后来的若干年中逐步发展并完善了以硬件为主的开环数控系统。进入 20 世纪 70 年代，微电子技术、功率电子技术，尤其是计算技术得到了飞速发展，FANUC 公司毅然舍弃了使其发家的电液步进电动机数控产品，从 GETTES 公司引进了直流伺服电动机制造技术。

1976 年，FANUC 公司研制成功数控系统 5，随后又与 SIEMENS 公司联合研制了具有先进水平的数控系统 7。从这时起，FANUC 公司逐步发展成为世界上最大的专业数控系统生产厂家。

自 1974 年，FANUC 公司的首台机器人问世以来，它就致力于机器人技术上的领先与创新，是世界上唯一一家由机器人来做机器人的公司，是世界上唯一提供集成视觉系统的机器人企业，是世界上唯一一家既提供智能机器人又提供智能机器的公司。FANUC 公司的机器人产品系列多达 240 种，负重为 0.5 kg～1.35 t，广泛应用在装配、搬运、焊接、铸造、喷涂、码垛等不同生产环节，满足客户的不同需求。

2008 年 6 月，FANUC 公司成为世界上第一个生产突破 20 万台机器人的厂家；2011 年，FANUC 公司的全球机器人装机量已超 25 万台，市场份额稳居第一。

2．库卡（德国）

库卡（KUKA）及其德国母公司是世界工业机器人和自动控制系统领域的顶尖制造商，它于 1898 年在德国奥格斯堡成立，当时称"克勒与克纳皮赫奥格斯堡（Keller Und Knappich Augsburg）"，简称 KUKA。1995 年，KUKA 公司分为 KUKA 机器人公司和 KUKA 库卡焊接设备有限公司（即现在的 KUKA 制造系统）。2011 年 3 月，其中国公司更名为库卡机器人（上海）有限公司。

KUKA 的产品广泛应用于汽车、冶金、食品和塑料成形等行业。KUKA 机器人公司在全球拥有 20 多个子公司，其中大部分是销售和服务中心。KUKA 在全球的运营点有美国、墨西哥、巴西、日本、韩国、印度和欧洲各国等。

KUKA 工业机器人的用户包括通用汽车、克莱斯勒、福特汽车、保时捷、宝马、奥迪、奔驰、大众、哈雷-戴维森、波音、西门子、宜家、沃尔玛、雀巢、百威啤酒及可口可乐等众多公司。

1973 年，KUKA 研发其第一台工业机器人，名为 FAMULUS，这是世界上第一台机电驱动的 6 轴机器人。现在该公司 4 轴和 6 轴机器人有效载荷范围达 3～1 300 kg、机械臂展达

350～3 700 mm，机型包括 SCARA、码垛机、门式及多关节机器人，皆采用基于通用 PC 的控制器平台控制。

KUKA 的机器人产品最通用的应用范围包括工厂焊接、操作、码垛、包装、加工或其他自动化作业，同时还适用于医院，如脑外科及放射造影。

KUKA 的机器人在多部好莱坞电影中出现过。在电影《新铁金刚之不日杀机》中，在冰岛的一个冰宫，国家安全局特工受到激光焊接机器人的威胁；在电影《达·芬奇密码》中，一个机械人递给罗伯特·兰登一个装有密码筒的箱子，这里使用的都是 KUKA 机器人。

3. 那智不二越（日本）

那智（NACHI）不二越公司的总工厂位于日本富山，公司成立于 1928 年，除了做精密机械、刀具、轴承、油压机等外，机器人部分也是它的重点部分，起先是日本丰田汽车生产线机器人的专供厂商，专做大型的搬运机器人、点焊和弧焊机器人、涂胶机器人、无尘室用 LCD 玻璃板传输机器人和半导体晶片传输机器人、高温等恶劣环境中用的专用机器人、与精密机器配套的机器人和机械手臂等。其控制器由原来的 AR 到 AW 再到 WX，控制操作已经完全中文化，编程试教简单。

近年来，由于劳动力成本上升及企业转型升级的内生需求增长，机器人产业获得迅速发展。根据国际机器人联合会的数据，2011 年全球工业机器人市场同比增长 37%。韩国、日本等东亚市场的工业机器人销量均有所上升，而中国的工业机器人销量比 2010 年提高 51%，成为增幅最大的市场。

根据 IFR 的数据，机器人产业将是继汽车、计算机之后最有潜力的新型高技术产业。现如今，国际机器人巨头纷纷涌入中国投资建厂。

那智不二越公司是 1928 年在日本成立的，并在 2003 年建立了那智不二越（上海）贸易有限公司。现在，该公司属于日本那智不二越在中国的一个销售机构。目前那智不二越公司在中国拥有两间轴承厂，一间精密刀具修磨工厂，一间焊接工厂，日后还将计划不断扩大产业基地。

那智不二越公司是从原材料产品到机床的全方位综合制造型企业。有机械加工、工业机器人、功能零部件等丰富的产品，应用的领域也十分广泛，如航天工业、轨道交通、汽车制造、机械加工等。

原英明先生表示，那智不二越公司的整个产品系列主要是针对汽车产业的。可以说，那智不二越公司的产品是跟着汽车行业走的。哪里有汽车生产制造，哪里就有那智不二越公司的产品。不只是机器人，还有其他的产品，如轴承、液压件等汽车配件。那智不二越公司是从材料开始做起，然后到钢材、加工刀具、轴承、液压件、机床及机器人，这些产品大多与汽车制造业相关。

目前，那智不二越公司在中国的机器人销售市场占公司全球售额的15%。它着眼全球，从欧美市场扩展到中国市场，下一步将开发东南亚市场，如印度市场，这是公司未来比较重视的一个市场区域。

4. 川崎（日本）

川崎机器人（天津）有限公司是由川崎重工业株式会社 100%投资的，并于 2006 年 8 月正式在中国天津经济技术开发区注册成立，主要负责川崎重工生产的工业机器人在中国境内的销售、售后服务（机器人的保养、维护、维修等）、技术支持等相关工作。

川崎机器人在物流生产线上提供了多种多样的机器人产品，在饮料、食品、肥料、太阳能、炼瓦等各种领域中都有非常可观的销量。川崎的码垛搬运等机器人种类繁多，针对客户工场的不同状况和不同需求提供最适合的机器人、最专业的售后服务和最先进的技术支持。公司还拥有丰富的产品在线，能够为顾客及时提供所需配件。并且公司内部有展示用喷涂机器人、焊接机器人，以及试验用喷房等，能够为顾客提供各种相关服务。

公司依靠高度的综合技术实力，以提供高功能、高质量、高度安全的产品及服务为使命，得到社会与顾客的信赖；充分认识企业的社会责任，以诚信、有活力、有高度的组织性及供需双方的相互信赖作为根本，不断进步。

5. ABB（瑞典）

ABB 公司是全球 500 强企业，总部位于瑞士苏黎世。ABB 是由两个具有 100 多年历史的国际性企业——瑞典的阿西亚公司（ASEA）和瑞士的布朗勃法瑞公司（BBC Brown Boveri）在 1988 年合并而成的。这两个公司分别成立于 1883 年和 1891 年。ABB 公司是电力和自动化技术领域的领导者，它的技术可以帮助电力、公共事业和工业客户提高业绩，同时降低对环境的不良影响。ABB 集团业务遍布全球 100 多个国家，拥有 13 万名员工，2010 年销售额高达 320 亿美元。

1974 年，ABB 公司研发了全球第一台全电控式工业机器人 IRB6，主要应用于工件的取放和物料的搬运。1975 年，生产出第一台焊接机器人。1980 年兼并 Trallfa 喷漆机器人公司后，机器人产品趋于完备。至 2002 年，ABB 公司销售的工业机器人已经突破 10 万台，是世界上第一个突破 10 万台的厂家。ABB 公司制造的工业机器人广泛应用在焊接、装配、铸造、密封涂胶、材料处理、包装、喷漆、水切割等领域。

ABB 公司于 1994 年进入中国，1995 年成立 ABB 中国有限公司。从 2005 年起，ABB 公司机器人的生产、研发、工程中心都开始转移到中国，可见国际机器人巨头对中国市场的重视。目前，中国已经成为 ABB 公司全球第一大市场。

2011 年 ABB 集团销售额达 380 亿美元，其中在华销售额达 51 亿美元，同比增长了 21%。近年来，国际上一些先进的机器人企业瞄准了中国庞大的市场需求，大举进入中国。

目前，ABB 公司的机器人产品和解决方案已广泛应用于汽车制造、食品饮料、计算机和消费电子等众多行业的焊接、装配、搬运、喷涂、精加工、包装和码垛等不同作业环节，帮助客户大大提高其生产率。例如，今年安装到雷柏公司深圳厂区生产线上的 70 台 ABB 最小的机器人 IRB120，不仅将工人从繁重枯燥的机械化工作中解放出来，使生产效率成倍提高，成本也降低了一半。另外，这些机器人的柔性特点还帮助雷柏公司降低了工程设计难度，将自动设备的开发时间比预期缩短了 15%。

6. 史陶比尔（瑞士）

史陶比尔（Staubli）公司制造生产精密机械电子产品——纺织机械、工业接头和工业机器人，公司员工人数达 3 000 多人，年营业额超过 10 亿瑞士法郎。公司于 1892 年创建在瑞士苏黎世湖畔的豪尔根市。今天，史陶比尔已发展成为一个跨国公司，总部位于瑞士的普费菲孔市。

自 1982 年开始，史陶比尔就将其先进的机械制造技术应用到工业机器人领域，并凭借其卓越的技术服务使其工业机器人迅速成为全球范围的领导者之一。

到目前为止，史陶比尔开发出系列齐全的机器人，包括 4 轴 SCARA 机器人，6 轴机器人，应用于注塑、喷涂、净室、机床等环境的特殊机器人、控制器和软件等。无论选用的是哪一种类型的机器人，都是由统一的平台控制的，它包括：同一类别的 CS8 控制器，一种机器人编程语言和一套 Windows®环境的 PC 软件包，简洁的史陶比尔设计能够满足用户最专业的需求。除了产品品质，史陶比尔认识到提供全面、快捷、有效的服务更是客户愿意与其保持长期稳定合作的重要原因。因此，无论是技术销售支持和集成商合作关系，还是应用编程支持、现场维护和远程诊断，或者是培训和保养维护，无不体现着史陶比尔的服务质量。史陶比尔凭借其产品的齐全性、优质可靠性，从机器人应用的各个关键领域脱颖而出。

目前史陶比尔生产的工业机器人具有更快的速度、更高的精度、更好的灵活性和更好的用户环境的特点。针对塑料工业，史陶比尔专门开发了 Plastics 系列机器人，包括 TXplastics40、TXplastics60、TXplastics90、TXplastics160 等系列机械手臂。并配备了相应的 VAlPlast 塑料工业应用软件，完全实现了注塑机的辅助操作（打浇口、检测、黏合等），也可以在洁净或无菌环境中使用。同时它们还提供了直接进入 Insight 系统且无须编程的平台，使用导航系统鉴别、测量、定位零件；对机器人进行实时修正，如对注塑顶针的监控，从而控制卸载工件的外力。快速、简易的用户操作界面简化了机器操作人员的工作，导航命令的应用为用户带来了最大的生产力，提高了产量。

7. 柯马（意大利）

柯马（COMAU）是一家隶属于菲亚特集团的全球化企业，成立于 1976 年，总部位于意大利都灵。柯马为众多行业提供工业自动化系统和全面维护服务，从产品的研发到工业工艺自动化系统的实现，其业务范围主要包括车身焊装、动力总成、工程设计、机器人和维修服务。柯马在全球 17 个国家拥有 29 个分公司，员工总数达 11 000 多人。

早在1978 年，柯马便率先研发并制造了第一台机器人，取名为 POLARHYDRAULIC 机器人。在之后的几十年当中，柯马以其不断创新的技术，成为机器人自动化集成解决方案的佼佼者。柯马公司研发出的全系列机器人产品，负载范围最小可至 6 kg，最大可达 800 kg。柯马最新一代 Smart 系列机器人是针对点焊、弧焊、搬运、压机自动连线、铸造、涂胶、组装和切割的 Smart 自动化应用方案的技术核心。其"中空腕"机器人 NJ4 在点焊领域更是具有无以伦比的技术优势。

SmartNJ4 系列机器人全面覆盖第 4 代产品的基本特征，因为采用新的动力学结构设计，减小了机器人的重量和尺寸，所以在获得更好表现的同时，降低了周期时间和能量消耗，并在降低运营成本的同时提高了产品性能。柯马 SmartNJ4 系列机器人的很多特性都能够给客户耳目一新的感觉。首先，中空结构使得所有焊枪的电缆和信号线都能穿行在机器人内部，保障了机器人的灵活性、穿透性和适应性。其次，标准和紧凑版本的自由选择，能够依据客户的项目需求最优化地配置现场布局。另外，节省能源、完美的系统化结构、集成化的外敷设备等都使 SmartNJ4 系列机器人成为一个特殊而具有革命性的项目。目前柯马打算在中国制造产品，使 SmartNJ4 系列机器人全面实现国产化。

8. 爱普生（日本）

爱普生（DENSO EPSON）机器人（机械手）源于 1982 年精工手表的组装线。2009 年 10 月，爱普生机器人（机械手）正式在中国成立服务中心和营销总部，该部门隶属于爱普生（中国）有限公司，全面负责中国大陆地区爱普生机器人（机械手）产品的市场推广、销售、技术支持和售后服务。新地区总部成立后，首先对中国大陆爱普生机器人（机械手）的市场价格进行了重新定位，使得爱普生机器人（机械手）产品更加符合中国大陆地区先进制造企业的实际需求。

目前，在中国地区推广的产品主要以 4 轴工业机器人（机械手）、6 轴工业机器人（机械手）为主，同时提供业内通用的工业机器人（机械手）附件。爱普生机器人（机械手）在中国主要推广的产品有：高速机器人（机械手）、高精度机器人（机械手）、SCARA 机器人（机械手）、水平多关节机器人（机械手）、视觉机器人（机械手）、组装机器人（机械手）、搬运机器人（机械手）、自动装配机器人（机械手）系统、激光自动焊接机器人（机械手）系统、激光自动切割机器人（机械手）系统、柔性自动化机器人（机械手）系统、模块机器人（机械手）系统、柔性模块化机器人（机械手）系统等。

作为水平多关节工业机器人领域的领先企业，爱普生机器人（机械手）全新的 LS 系列产品，旨在减轻繁重的人工操作。采用 LS 系列产品后，用户可实现高效装配、输送、调整和布置操作，不但减少了生产过程中的人员需求，更确保了产品质量的稳定。爱普生机器人（机械手）的垂直 6 轴机器人（S5/S5L）拥有高速、高精度、低震动的特点，同时是小型 6 轴机器人中速度最快的。商业和工业领域及新型经济体是未来重要的增长市场，它将继续以市场需求为导向，在推出更多优秀产品的同时，加强对本地客户的技术支持和服务，加倍努力满足客户不断增长的产品需求和期望。

爱普生机器人（机械手）秉承一贯的高速度、高精度、低振动、小型化的特性，为中国用户提供全球技术领先的高性能产品。同时，它在视觉系统、传送带跟踪技术及机器人（机械手）的力反馈应用技术有独特的优势，基于这些技术，爱普生机器人（机械手）使独特、高性价比的系统设计成为可能，为中国工业机器人（机械手）的应用提供更为广阔的应用空间。

9. 安川（日本）

安川电机（Yaskawa Electric Co.），自 1977 年研制出第一台全电动工业机器人以来，已有将近 40 年的机器人研发生产的历史，旗下拥有 Moto man 美国、瑞典、德国及 Synetics Solutions 美国公司等子公司。2005 年 4 月，该公司宣布投资 4 亿日元，建造一个新的机器人制造厂，于 11 月运行，2006 年 1 月达到满负荷生产。

其核心的工业机器人产品包括点焊和弧焊机器人、油漆和处理机器人、LCD 玻璃板传输机器人和半导体晶片传输机器人等。它是将工业机器人应用到半导体生产领域的最早的厂商之一。2004 年机器人销售收入为 1 051 亿日元，占该公司营业总收入 3 096 亿日元的 34%。

安川电机的机器人产品系列在重视客户间交流对话的同时，针对更宽广的需求和多种多样的问题提供最为合适的解决方案，并实行对 FA.CIM 系统的全线支持。

截至 2011 年 3 月，安川电机的机器人累计出售台数已突破 23 万台，活跃在从日本国内到世界各国的焊接、搬运、装配、喷涂，以及放置在无尘室内的液晶显示器、等离子显示器和半导体制造的搬运等各种各样的产业领域中。

安川电机的工业机器人一直获得用户的青睐。其在斯洛文尼亚 Ribnica 开设了新的机器人中心，该中心在 2013 年之前为欧洲中心。它将德国的生产线转移至斯洛文尼亚，并与当地的 MotomanRobotec 和 Ristro 合作。上述两个当地企业已更名为 YaskawaSlovenia 和 YaskawaRistro。

10. 新松（中国）

新松（SIASUN）机器人自动化股份有限公司（以下简称"新松公司"），是以机器人及自动化技术为核心，致力于数字化高端装备制造的高技术企业，在工业机器人、智能物流、自动化成套装备、洁净装备、激光技术装备、轨道交通、节能环保装备、能源装备、特种装备及智能服务机器人等领域呈产业群组化发展，现已成为中国最大的机器人产业化基地。在杭州投资建设的新松南方研究创新中心及产业化基地将重点发展激光自动化装备和洁净机器人。

公司已经形成"4+X+Y"产品架构。"4"是指公司目前拥有 4 大类产品，即工业机器人、物流与仓储自动化成套设备、自动化装配与检测生产线及系统集成、交通自动化系统；"X"是指公司已研发或定型的具备批量生产能力的产品，包括特种机器人（军品）、激光设备、全自动电池交换站、智能电表自动检定系统、洁净自动化装备、纳米绿色制版打印成套设备等；"Y"是指公司正在进行预研的项目，包括石油装备机器人、电梯卫士、太阳能电池成套装备、智能服务机器人等。由于中国工业自动化趋势明显，公司新产品储备丰富，正在逐步使开发模块化、产品系列化、生产规模化，产品结构仍在快速变化之中。

该公司业务应用范围较广。以工业机器人技术为核心，形成了大型自动化成套装备与多种产品类别，广泛应用于汽车整车及汽车零部件、工程机械、轨道交通、低压电器、电力、IC 装备、军工、烟草、金融、医药、冶金及印刷出版等行业。

任务 2

搬运编程与操作

搬运机器人在电子产品、食品、医药、化工、金属加工等领域均有广泛的应用。采用机器人搬运可大幅提高生产效率、节省劳动力成本、提高定位精度并降低搬运工程中的产品损坏率。

任务目标

（1）掌握工业机器人搬运运动的特点及程序编写方法；

（2）能使用工业机器人基本指令正确编写搬运控制程序。

知识目标

（1）掌握运动控制程序的新建、编辑、加载方法；

（2）掌握工业机器人关节位置数据形式、意义及记录方法。

能力目标

（1）能够新建、编辑和加载程序；

（2）能够完成搬运动作的示教。

任务描述

本任务利用 HSR-JR 608 工业机器人在传送带 A 上抓取物品，将其放置到另外一条传送带 B 上的盒子里。大家需要在此进行程序编写、程序数据创建、目标点示教、程序调试等工作，最终完成整个搬运过程。通过本章的学习，使大家学会工业机器人的搬运应用，学会工业机器人搬运程序的编写技巧。

2.1　新建、编辑和加载程序

程序是为使机器人完成某种任务而设置的动作顺序描述。在示教操作中，产生的示教数据（如轨迹数据、作业条件、作业顺序等）和机器人指令都将保存在程序中。当机器人自动运行时，将执行程序以再现所记忆的动作。

2.1.1　程序的基本信息

常见的程序编写方法有两种——示教编程方法和离线编程方法。示教编程方法是由操作人员引导，控制机器人运动，记录机器人作业的程序点，并插入所需的机器人命令来完成程序的编写；离线编程方法是操作人员不对实际作业的机器人直接进行示教，而是在离线编程系统中进行编程或在模拟环境中进行仿真，生成示教数据，通过 PC 间接对机器人进行示教。示教编程方法包括示教、编辑和轨迹再现，可以通过示教器示教实现，由于示教方式实用性强，操作简便，因此大部分机器人都采用这种方法。本任务采用示教编程方法。在操作机器人实现搬运动作之前需新建一个程序，用来保存示教数据和运动指令。

程序的基本信息包括程序名、程序注释、子类型、组标志、写保护、程序指令和程序结束标志，如表 2-1 所示。

表 2-1　程序基本信息及功能

序号	程序基本信息	功　　能
1	程序名	用以识别存入控制器内存中的程序，在同一个目录下不能出现包含两个或更多拥有相同程序名的程序。程序名长度不超过 8 个字符，由字母、数字、下画线（_）组成
2	程序注释	程序注释连同程序名一起用来描述、选择界面上显示的附加信息。最长 16 个字符，由字母、数字及符号（_、@、*）组成。新建程序后可在程序选择之后修改程序注释
3	子类型	用于设置程序文件的类型。目前本系统只支持机器人程序这一类型
4	组标志	设置程序操作的动作组，必须在程序执行前设置。目前本系统只有一个操作组，默认的操作组是组 1（1, *, *, *, *）
5	写保护	指定该程序可否被修改。若设置为"是"，则程序名、注释、子类型、组标志等不可修改；若设置为"否"，则程序信息可修改。当程序创建且操作确定后，可将此项设置为"是"来保护程序，防止他人或自己误修改
6	程序指令	包括运动指令、寄存器指令等示教中涉及的所有指令
7	程序结束标志	程序结束标志（END）自动显示在程序的最后一条指令的下一行。只要有新的指令添加到程序中，程序结束标志就会在屏幕上向下移动，所以程序结束标志总放在最后一行。当系统执行完最后一条程序指令后，执行到程序结束标志时，就会自动返回到程序的第一行并终止

2.1.2　新建程序

在如图 2-1 所示的示教界面中单击"新建程序"按钮，弹出如图 2-2 所示的对话框，在其中输入程序名，可新建一个空的程序文件。

图 2-1　示教界面

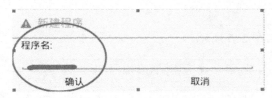

图 2-2　程序名输入对话框

2.1.3　打开、加载程序

打开程序对话框可查看系统中所有的程序文件及其属性，单击如图 2-1 所示的示教界面中的"打开程序"按钮，可显示如图 2-3 所示的程序文件列表。选择一个现有的程序文件，单击"确认"按钮后可加载选中的程序文件。

图 2-3　打开程序窗口

2.1.4　程序编辑、修改

示教主要提供程序编辑、修改功能，对于触摸屏手持器，本机器人控制系统提供两种操作方式，即短按和长按。

1. 行内编辑（短按）

短按任一行（即单击）的程序语句（最后一行"END"除外），可对该行程序语句的内容进行编辑。以运动指令为例，如图 2-4 所示。

图 2-4　行内编辑界面

本行编辑界面设计如图 2-5 所示。

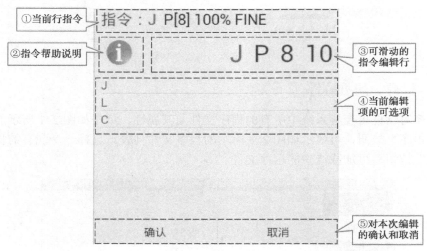

图 2-5　本行编辑

① 当前指令行：显示当前编辑的指令行，其中蓝色显示的是当前的编辑项。

② 指令帮助说明：单击帮助图标 ⓘ 后，显示指令类型说明。运行指令时，弹出帮助对话框，如图 2-6 所示。

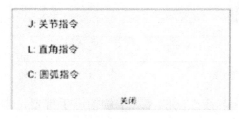

图 2-6　指令帮助对话框

③ 可滑动的指令编辑行：示教器窗口蓝色高亮显示部分即为当前的编辑项，可左右滑动，以选择当前的编辑项。

④ 当前编辑项的可选项：根据当前编辑项，显示当前可选项，如"J"指令的可选项为"J"、"L"和"C"。

⑤ 对本次编辑的确认和取消：单击"确认"按钮后，即可将本次编辑好的指令替换旧的编辑行。单击"取消"按钮，取消当前编辑。

对指令行中的数据进行编辑时，界面显示如图 2-7 所示。

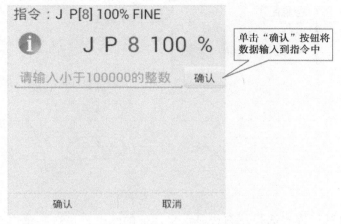

图 2-7 指令行内编辑界面

单击输入框，输入数据后再单击"确认"按钮，即可完成数据的编辑。

2. 行编辑（长按）

长按任一行的程序语句，可对该行程序语句做整体操作，包括删除、复制、剪切、粘贴、修改位置、上行插入、下行插入、编辑本行等，如图 2-8 所示。

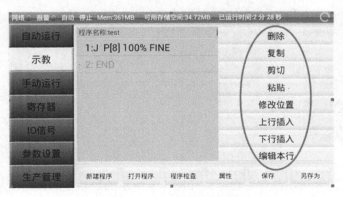

图 2-8 程序编辑界面

（1）删除：删除当前的选择行。

（2）复制：复制当前选择行的内容到粘贴板。

（3）剪切：复制当前选择行的内容到粘贴板，并删除当前行。

（4）粘贴：当前行后移，将粘贴板上的信息粘贴为当前行。

（5）修改位置：若当前行含有位置变量 P 或者位置寄存器 PR，且位置号都是直接寻址的（即为"P[常量]"或"PR[常量]"），则长按当前行后，修改位置菜单颜色变为可操作，即可以对当前行的位置信息进行查看或修改。

如本例位置号为常量"8"，即可对位置信息进行查看和修改，在弹出的操作菜单中选择"修改位置"选项，弹出如图2-9所示的对话框。

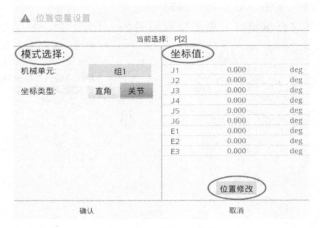

图2-9　位置变量设置

在对话框左边进行模式选择，右边显示坐标值的修改。可直接单击坐标值进行修改，也可单击"位置修改"按钮进入手动界面进行位置修改，将机器人移动到所需要的位置，如图2-10所示。

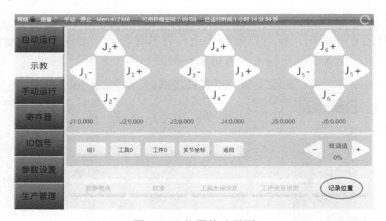

图2-10　位置修改界面

单击"记录位置"按钮，即可返回到如图2-9所示的对话框，此时坐标值已修改，已记录下机器人当前位置，如图2-11所示。

单击"确认"按钮，即可完成位置修改。或单击"取消"按钮，取消当前修改。

（6）上行或下行插入

根据指令行插入的位置，插入操作分为上行插入和下行插入。

上行插入：是在当前所选择指令的前一行插入指令。

下行插入：是在当前所选择指令的后一行插入指令。

下面以上行插入为例，介绍插入指令行的操作方法。

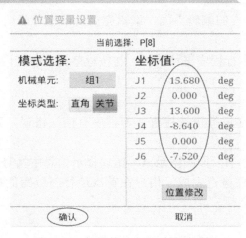

图 2-11 位置修改完成后的对话框

① 在如图 2-8 所示的界面中选择"上行插入"按钮，弹出如图 2-12 所示的指令类型选择界面。

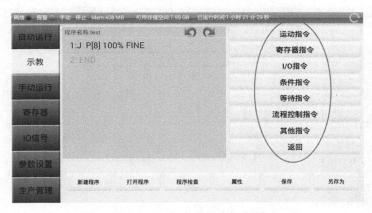

图 2-12 指令类型选择界面

② 选择指令类型，如选择"I/O 指令"，界面切换至 I/O 指令的编辑界面，如图 2-13 所示。

图 2-13 I/O 指令的编辑界面

③ 该编辑界面即为行内的编辑界面，编辑完成后单击"确认"按钮即可完成上行插入操作。

（7）编辑本行：可对本行程序进行编辑，与按程序行进行行内编辑的效果是一样的。

2.1.5 程序检查

系统可以对编写的程序进行语法检查，若程序有语法错误，则提示报警号、出错程序及错误行号。

程序报警定义请参照本书后面的附录 A，错误提示信息中括号内的数据即为报警号。若程序没有错误，则提示程序检查完成。用户在首次运行新编写的程序之前，应先执行程序检查，以保证程序的正常运行。

2.1.6 自动运行

在自动运行模式下可以运行机器人程序，任何程序必须先加载到内存中才能运行。自动运行界面如图 2-14 所示。

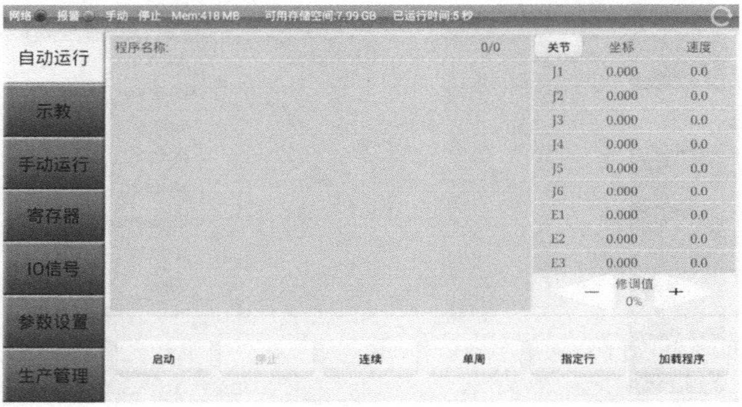

图 2-14 自动运行界面

1. 加载程序

用户可选择并加载现有的程序文件，启动加载的程序后，机器人会根据程序文件的内容进行相关的动作。

单击"加载程序"按钮，会显示当前可用的所有程序文件列表，如图 2-15 所示。选择所需加载的程序文件，单击"确认"按钮后即可加载选定的程序文件。

2. 自动运行程序

如图 2-14 所示的界面中的"启动/暂停"按钮和"停止"按钮可控制程序运行的启停。"连续/单步"按钮和"单周/循环"按钮可设置程序自动运行的方式。选择单步运行模式，系统会在运行完一行程序后停止，若为连续运行模式，则系统连续运行完程序。选择单周运行模式，系统会在运行完当前程序后停止；若为循环运行模式，则系统运行完程序后，再次从程序首行开始运行。该界面中的"关节/直角"按钮可切换程序运行时，不同类型坐标系下各轴的当前坐标值。单击修调值修改按钮"+"和"−"可修改程序运行时的修调值大小。

图 2-15　程序加载界面

对本任务的考核与评价参照表 2-2。

表 2-2　考核与评价

基本素养（30 分）				
序号	评估内容	自评	互评	师评
1	纪律（无迟到、早退、旷课）（10 分）			
2	安全规范操作（10 分）			
3	参与度、团队协作能力、沟通交流能力（10 分）			
理论知识（20 分）				
序号	评估内容	自评	互评	师评
1	程序指令格式（10 分）			
2	搬运类程序编写的掌握（10 分）			
技能操作（50 分）				
序号	评估内容	自评	互评	师评
1	程序新建、编辑、加载（10 分）			
2	关节位置数据记录（10 分）			
3	搬运程序编写（10 分）			
4	程序校验（10 分）			
5	程序运行示教（10 分）			
综合评价				

2.2　搬运编程实例

　　利用机器人在传送带 A 上抓取物品，将其放置到另外一条传送带 B 上的盒子里。大家需要在此任务中进行工件搬运程序的编写、程序数据创建、目标点示教、程序调试等工作，自动运行程序最终完成工件的整个搬运过程。

工业机器人操作与编程

搬运任务示意图如图 2-16 所示。

图 2-16　搬运任务示意图

2.2.1　运动指令

运动指令用来实现以指定速度、特定路线模式等将工具从一个位置移动到另一个指定位置。在使用运动指令时需指定以下几项内容。

（1）动作类型：指定采用什么运动方式来控制到达指定位置的运动路径。机器人动作类型有 3 种，即关节定位（J）、直线运动（L）、圆弧运动（C）。

（2）位置数据：指定运动的目标位置。

（3）进给速度：指定机器人运动的进给速度。

运动指令格式如图 2-17 所示。

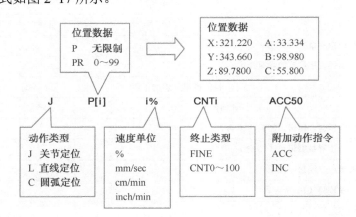

图 2-17　运动指令格式

在程序示教过程中，使用菜单树中的"运动指令"即可添加标准的运动指令，详细操作步骤将在任务的具体实施中说明。

1. 关节定位指令

关节定位是移动机器人各关节到达指定位置的基本动作模式。独立控制各个关节同时运动到目标位置，即机器人以指定进给速度，沿着（或围绕）所属轴的方向，同时加速、减速或停止。工具的运动路径通常是非线性的，在两个指定的点之间任意运动。以最大进给速度的百分数作为关节定位的进给速度，其最大速度由参数设定，程序指令中只给出实

32

际运动的倍率。关节定位过程中没有控制被驱动工具的姿态。

指令示例：

```
J  P[2]  100%  FINE
```

指令注释：机器人以最大进给速度的 100%采用关节定位方式从起始点移动至目标点 P[2]点。

程序说明如下。

（1）J——关节定位。

（2）P[2]——位置数据，指定运动位置的目标位置。在进行运动指令示教时，位置数据也同时被写入程序文件。关节坐标系下的位置数据用每个关节的角度位置定义，关节坐标系位于每个关节的基准面。在关节坐标系下的关节坐标位置数据为（J1、J2、J3、J4、J5、J6），没有姿态信息。当复制指令时，位置及相关信息也一同被复制。

（3）100%——进给速度，指定机器人运动的进给速度。进给速度单位取决于动作指令类型，当动作类型为关节定位时，指定最大进给速度的百分数，范围是 1%～100%。在程序执行过程中，进给速度可以通过倍率进行修调。倍率值的范围是 0%～150%。

（4）FINE——增量模式，步长为 10。

关节定位指令示例图如图 2-18 所示。

2. 位置数据

位置数据包括目标点位置和机器人的姿态。在进行运动指令示教时，位置数据也同时被写入程序文件。在关节坐标系下的关节坐标位置数据为（J1、J2、J3、J4、J5、J6），没有姿态信息。关节坐标系位于每个关节的基准面，关节坐标系下的位置数据用每个关节的角度来定义，如图 2-19 所示。

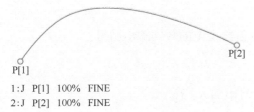

P[1]

1:J P[1] 100% FINE
2:J P[2] 100% FINE

图 2-18　关节定位指令示例图

J1、J2、J3, J4、J5、J6, E1、E2、E3
主轴线　机械腕轴线　附加轴线

图 2-19　位置数据（关节坐标）

指令示例：

```
J  P[1]  30%  FINE
```

在运动指令中，位置数据通过位置变量（P[i]）和位置寄存器（PR[i]）表示，一般情况下使用位置变量。位置数据表示如表 2-3 所示。

表 2-3　位置数据表示

位置数据表示	功　　能
位置变量 P[i]	是指用于保存位置数据的变量。在示教过程中，位置数据被自动保存到程序文件中，此时的坐标系均为当前所选择的坐标系。当复制指令时，位置及相关信息也一同被复制。位置变量的取值范围无限制

3. 进给速度

进给速度指机器人的运动速度。在程序执行过程中，进给速度可以通过倍率进行修调。倍率值的范围是 0%～150%。进给速度单位取决于动作指令类型。

指令示例：

```
J   P[1] 50% FINE
```

指令注释：机器人以最大进给速度的 50%采用关节定位方式移动至 P[1]。

当动作类型为关节定位时，指定最大进给速度的百分数，范围是 1%～100%。

2.2.2 等待和数字输出指令

1. 等待指令 WAIT （value） sec

指令格式：WAIT (value) sec

指令注释：用于在一个指定的时间段内，或者直到某个条件满足时的时间段内结束程序的指令。

程序说明如下。

（1）WAIT——等待指令。

（2）value——取常数（constant）。

示例：

```
WAIT 10.5 sec
```

2. 数字输出指令 DO

指令格式：DO[i] = ON/OFF

指令注释：写操作，指令把 ON=1/OFF=0 赋值给指定的数字输出信号。

程序说明如下。

（1）DO——可以被用户控制的输出信号。

（2）[i]——数字输出端口号，即寄存器号，范围为 0～199。

（3）ON/OFF——ON=1/OFF=0，打开/关闭数字输出信号。

示例：

```
DO[1] = ON
```

2.2.3 工业机器人工作流程

使用工业机器人完成搬运工作要经过 5 个主要工作环节，包括工艺分析、运动规划、示教前的准备、示教编程、程序测试。

编程前需要先进行运动规划，运动规划是分层次的，先从高层的任务规划开始，然后动作规划再到手部的路径规划，最后是工具的位姿（位置和姿态的简称）规划。首先把任务分解为一系列子任务，这一层次的规划称为任务规划。然后再将每一个子任务分解为一系列动作，这一层次的规划称为动作规划。为了实现每一个动作，还需要对手部的运动轨

迹进行必要的规划，这就是手部的路径规划及关节空间的轨迹规划。

示教前需要调试工具，并根据所需要的控制信号配置I/O接口信号，设定工具和工件坐标系。在编程时，在使用示教器编写程序的同时示教目标点。程序编好后进行测试，根据实际需要增加一些中间点。

工业机器人工作流程图如图2-20所示。

2.2.4 机器人搬运工艺分析

机器人搬运是指物料在生产工序、工位之间进行运送转移，以保证连续生产的搬运作业。采用科学合理的搬运方式和方法，不断进行搬运分析，改善搬运作业，避免产品在搬运过程中因搬运手段不当，造成磕、碰、伤，从而影响产品质量。为了有效地组织好物料搬运，必须遵循以下搬运原则。

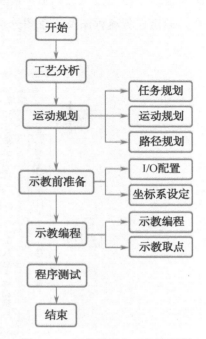

图2-20 工业机器人工作流程图

（1）物料移动产生的时间和地点要有效，否则移动不但毫无意义，不被视为增值反而是一种浪费。

（2）物料的移动都需要对物料的尺寸、形状、重量和条件，以及移动路径和频度进行分析。还需要考虑传送带和建筑物的约束，如地面负荷、立柱空间、场地净高等。

（3）不同的物料需要选择合适的搬运方法、搬运工具和搬运轨迹。

（4）可以采用先进的技术手段提高搬运效率。如自动识别系统，便于物料搬运系统对正确物料的抓取、摆放控制，出错率低，速度快，精度高。

（5）搬运应按顺序，以降低成本，避免迂回往返等。这体现合理化的概念，优良的搬运路线，可以减少机器人搬运工作量，提高搬运效率。

（6）示教取点过程中，保证抓取工具与物料的间隙，避免碰撞、损坏产品。可在移动过程中设置中间点，提供缓冲。

（7）减少产品移动方位的不确定性，使产品按期望的方位移动。有特殊要求的产品尤其要考虑产品移动的方位。

（8）在追求效率的同时，要考虑搬运质量，防止损坏产品，区分设置快速移动和缓慢移动，合理提高搬运效率。

（9）节拍是衡量物料装配线的重要性能指标，优化节拍可以保证装配线的连续性和均衡性。减少传送带的中断时间，保证生产节拍的稳定性，保持生产连续，缩短生产周期，提高生产效率。

2.2.5 搬运运动规划和示教前的准备

1. 运动规划

机器人搬运的动作可分解成为"抓取工件"、"移动工件"、"放下工件"等一系列子任务,还可以进一步分解为"把吸盘移到工件上方"、"移动吸盘贴近工件"、"打开吸盘抓取工件"、"移动吸盘抬起工件"等一系列动作。

搬运任务流程图及示意图分别如图 2-21 和图 2-22 所示。

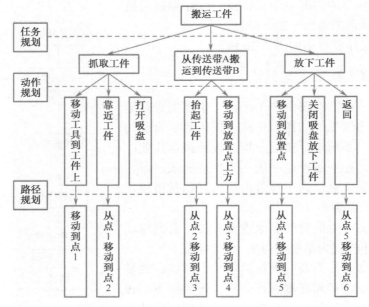

图 2-21　搬运任务流程图

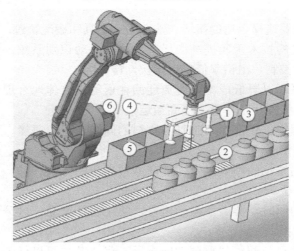

图 2-22　搬运任务示意图

2. 示教前的准备

1）I/O 配置

本任务中使用气动吸盘来抓取工件,气动吸盘的打开与关闭需通过 I/O 信号控制。HSR-JR 608 工业机器人控制系统提供了完备的 I/O 通信接口,可以方便地与周边设备进行通信。本系统的 I/O 板提供的常用信号有输入信号 X 和输出信号 Y。输入/输出信号主要是对这些输入/输出状态进行管理和设置。I/O 配置说明如表 2-4 所示。

表 2-4　I/O 配置说明

序　号	PLC 地址	状　态	符　号　说　明	控制指令
1	Y	NC	气动吸盘打开	DO[1]=ON/OFF
2	Y	NC	气动吸盘关闭	DO[2]=ON/OFF

2）坐标系设定

本任务中使用气动吸盘从传送带 A 上抓取物品，将其放置到另外一条传送带 B 上的盒子里，运动轨迹相对简单，示教取点较容易，所以可以在基坐标系下编程，不需要建立新的工具坐标系。

2.2.6　搬运示教编程

为了使机器人能够进行再现，必须把机器人运动命令编成程序。利用机器人把工件从 A 搬到 B，此程序由 6 个程序点组成，搬运程序如表 2-5 所示。

表 2-5　搬运程序

程　　序	程　序　注　释
WAIT　1	等待 1 sec（为了配合传送带节拍，可根据实际情况修改）
J　P[1]　100%　FINE	控制机器人工具点（吸盘）移动到传送带 A 上方
J　P[2]　80%　FINE	移动吸盘贴近工件
DO [1] = ON	工具抓取工件
WAIT 1	等待吸盘吸附工件
J　P[3]　80%　FINE	工具抓取工件抬到安全高度
J　P[4]　100%　FINE	中间点
J　P[5]　80%　FINE	控制机器人工具点（吸盘）移动到传送带 B 上方
DO [2] = ON	工具放置工件
WAIT　1	等待吸盘释放工件
J　P[6]　100%　FINE	工具抬高到程序起始点，便于第二次搬运

1. 新建程序

启动机器人，手动操作机器人返回参考点。单击如图 2-1 所示的示教界面的"新建程序"按钮，弹出如图 2-23 所示界面，在"程序名"中输入程序名称"banyun"，然后单击"确认"按钮，显示如图 2-24 所示界面。

图 2-23　新建程序界面（1）

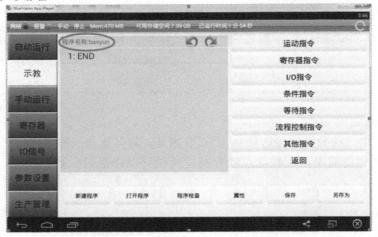

图 2-24　新建程序界面（2）

2.　使用等待指令调节节拍

位置点 1 示意图如图 2-25 所示。

长按"END"，在弹出的如图 2-26 所示界面中选择"等待指令"按钮，然后选择图 2-27 中的"WAIT...sec"选项。滑动指令光标指示"..."并单击，如图 2-28 所示选择"constant"按钮，在文本框中输入"1"，然后单击"确认"按钮，如图 2-29 所示。单击后如图 2-30 所示，再次单击这里的"确认"按钮，即完成 WAIT 1 指令语句的输入，如图 2-31 所示（可根据实际节拍设置等待时间）。

图 2-25　位置点 1 示意图

图 2-26　示教点 1 示教程序输入界面（1）

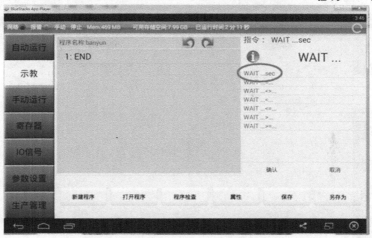

图 2-27 示教点 1 示教程序输入界面（2）

图 2-28 示教点 1 示教程序输入界面（3）

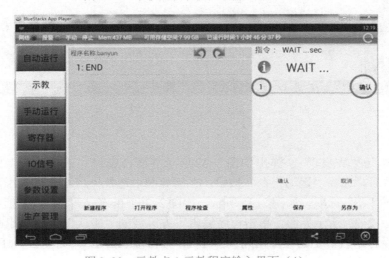

图 2-29 示教点 1 示教程序输入界面（4）

图 2-30　示教点 1 示教程序输入界面（5）

图 2-31　示教点 1 示教程序输入界面（6）

3. 示教点 1

长按指令语句"WAIT"，弹出如图 2-32 所示界面，选择"下行插入"按钮，显示如图 2-33 所示界面。选择"运动指令"按钮，在新界面中选择"J"选项，如图 2-34 所示。滑动指令，选择"…"选项，如图 2-35 所示。如图 2-36 所示输入"1"，然后单击"确认"按钮，生成如图 2-37 所示界面。单击程序编辑下方区域的"确认"按钮，即在 WAIT 语句后插入新建指令行示教点 1 的程序语句"J　P[1]　100%　FINE"，如图 2-38 所示。

图 2-32　示教点 1 示教程序输入界面（7）

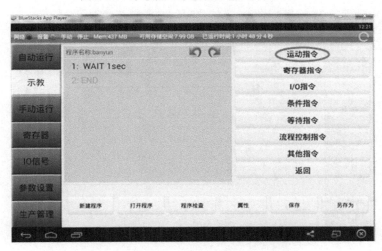

图 2-33　示教点 1 示教程序输入界面（8）

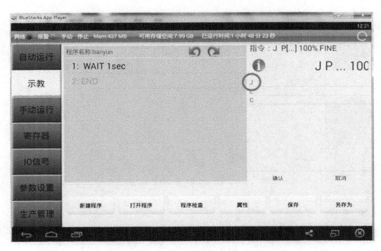

图 2-34　示教点 1 示教程序输入界面（9）

图 2-35 示教点 1 示教程序输入界面（10）

图 2-36 示教点 1 示教程序输入界面（11）

图 2-37 示教点 1 示教程序输入界面（12）

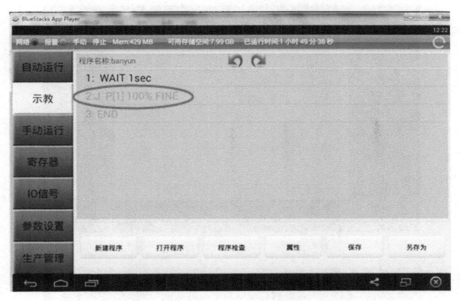

图 2-38　示教点 1 示教程序输入界面（13）

　　长按已建好的程序语句"J　P[1] 100% FINE"，在如图 2-39 所示界面中选择"修改位置"按钮。在弹出的如图 2-40 所示对话框中选择"位置修改"按钮进入手动界面进行位置修改。单击图 2-41 中的"关节坐标"按钮，在弹出的如图 2-42 所示对话框中将机器人坐标系切换至"基坐标"，然后单击"确认"按钮，手动将机器人移动到点 1 位置，单击"记录位置"按钮，进入"位置变量设置"对话框，如图 2-44 所示，此时坐标值已修改，已记录下机器人当前即第一点的位置。

图 2-39　示教点 1 位置数据记录（1）

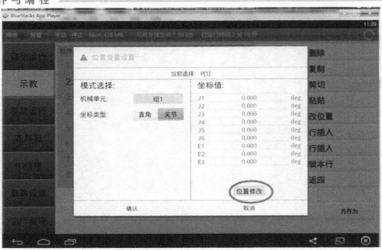

图 2-40　示教点 1 位置数据记录（2）

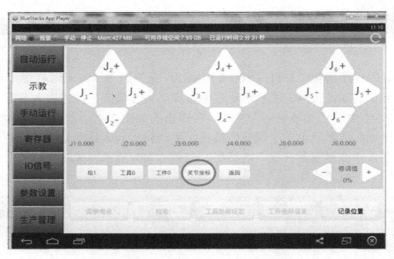

图 2-41　示教点 1 位置数据记录（3）

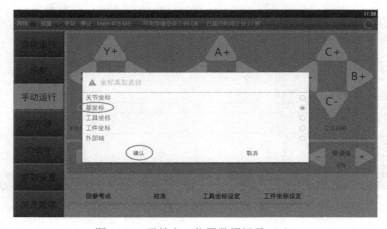

图 2-42　示教点 1 位置数据记录（4）

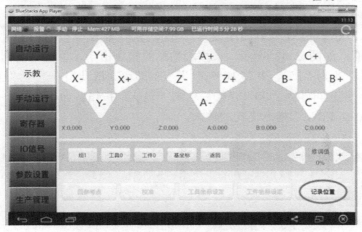

图 2-43　示教点 1 位置数据记录（5）

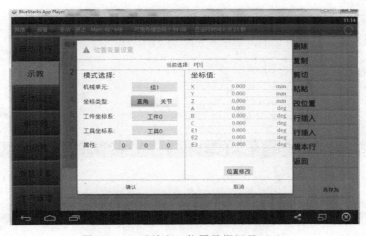

图 2-44　示教点 1 位置数据记录（6）

4. 示教点 2

示教点 2 示意图如图 2-45 所示。

图 2-45　示教点 2 示意图

　　长按指令语句"J P[1] 100% FINE"，如图 2-46 所示，选择"复制"按钮，再次长按该语句"J P[1] 100% FINE"，如图 2-47 所示选择"粘贴"按钮，复制的指令语句会出现在长按语句下面，如图 2-48 所示。长按刚粘贴的指令语句，单击"编辑本行"按钮，只需将 P[1]中的"1"改为"2"，并将 100%改为 80%即可。滑动指令选中"100"，然后选择"constant"选项，然后再输入"80"，最后单击"确认"按钮，如图 2-49～图 2-54 所示，完成"J P[2] 80% FINE"指令语句的输入。

图 2-46　示教点 2 示教程序输入界面（1）

图 2-47　示教点 2 示教程序输入界面（2）

图 2-48　示教点 2 示教程序输入界面（3）

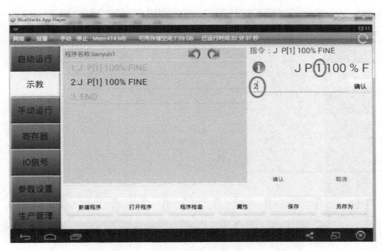

图 2-49　示教点 2 示教程序输入界面（4）

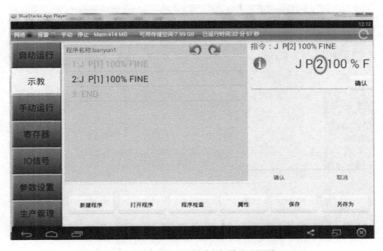

图 2-50　示教点 2 示教程序输入界面（5）

图 2-51　示教点 2 示教程序输入界面（6）

图 2-52　示教点 2 示教程序输入界面（7）

图 2-53　示教点 2 示教程序输入界面（8）

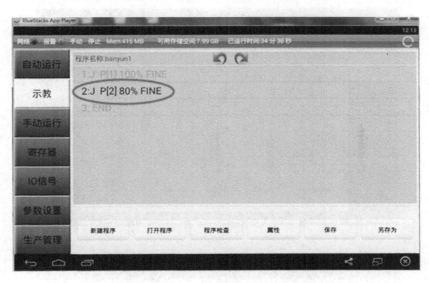

图 2-54　示教点 2 示教程序输入界面（9）

示教点 2 位置记录操作同示教点 1。

5. I/O 输出与打开吸盘

长按指令语句"J　P[2] 80%　FINE"，如图 2-55 所示选择"下行插入"按钮，显示如图 2-56 所示界面。选择 "I/O 指令"按钮，在图 2-57 中选择"Y[...,...]"按钮，选择第一个"..."，输入"1"，滑动指令光标移动到第三个"..."，输入"ON"，完成"DO [1] = ON"指令语句的输入，如图 2-58～图 2-62 所示。

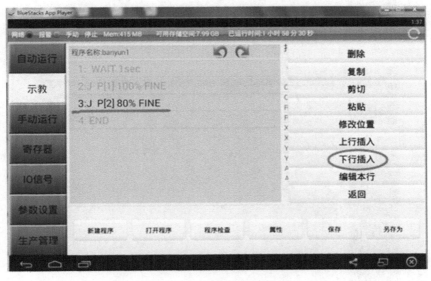

图 2-55　I/O 输出操作界面（1）

图 2-56 I/O 输出操作界面（2）

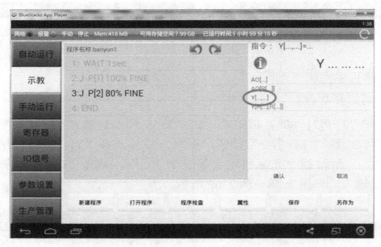

图 2-57 I/O 输出操作界面（3）

图 2-58 I/O 输出操作界面（4）

图 2-59 I/O 输出操作界面（5）

图 2-60 I/O 输出操作界面（6）

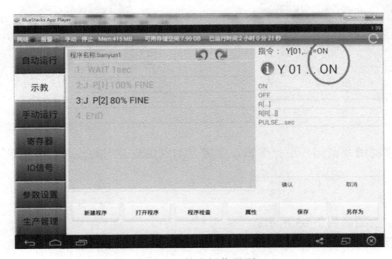

图 2-61 I/O 输出操作界面（7）

图 2-62 I/O 输出操作界面（8）

6. 示教点 3

示教点 3 示意图如图 2-63 所示。

首先复制语句"WAIT 1"，然后复制 P[2]点的指令语句并进行编辑，完成 P[3]点指令语句的输入，并记录示教点 P[3]的位置。

7. 示教点 4

示教点 4 示意图如图 2-64 所示。

图 2-63 示教点 3 示意图

图 2-64 示教点 4 示意图

复制 P[1]点的指令语句并进行编辑，完成 P[4]点指令语句的输入，并记录示教点 P[4]的位置。

8. 示教点 5

示教点 5 示意图如图 2-65 所示。

复制 P[2]点的指令语句并进行编辑，完成 P[5]点指令语句的输入，并记录示教点 P[5]的位置。

9. 示教点 6

示教点 6 示意图如图 2-66 所示。

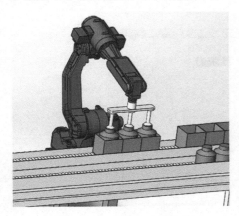

图 2-65　示教点 5 示意图

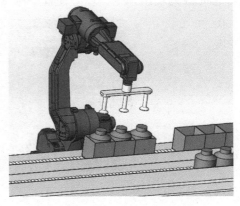
图 2-66　示教点 6 示意图

复制 P[1]点的指令语句并进行编辑，完成 P[6]点指令语句的输入，并记录示教点 P[6]的位置。

"banyun" 程序编写完成，单击 "保存" 按钮，显示 "文件 banyun 保存成功"，然后单击 "程序检查" 按钮。

10. 程序检查

在首次运行新编写的程序之前，应先执行程序检查，以保证程序的正常运行。HSR-JR 608 工业机器人系统支持对编写的程序进行语法检查，若程序有语法错误，则提示报警号、出错程序及错误行号。程序报警定义请参照本书后面的附录 A，错误提示信息中括号内的数据即为报警号。若程序没有错误，则提示程序检查完成。

运行测试之前可以在工业机器人末端安装一个印章，在桌子上放置两个本子。根据印章图形的重合度，判断机器人运行轨迹的正确性，如图 2-67 所示。加载已编好的程序，若想先试运行单个运行轨迹，可选择 "指定行" 选项，输入试运行指令所在的行号，系统自动跳转到该指令。单击修调值修改按钮 " + " 和 "–" 将程序运行时的速度倍率修调值减小。选择单步运行模式，单击 "启动" 按钮，试运行该指令，机器人会根据程序指令进行相关的动作。根据机器人实际运行轨迹和工作环境需要可适当添加中间点。

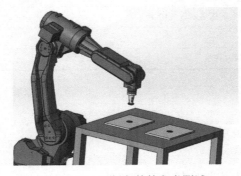
图 2-67　运行之前的印章测试

单击如图 2-68 所示界面左侧的"IO 信号"进入输入/输出信号界面，可观察输入/输出信号状态。如果受实际条件限制而未连接其他设备，即没有输入信号，则可将程序中的输入指令暂时改为输出指令，以方便程序测试。

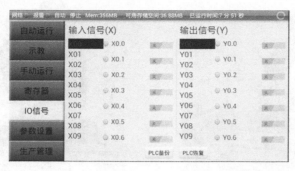

图 2-68　输入/输出界面

对本任务的考核与评价参照表 2-6。

表 2-6　考核与评价

基本素养（30 分）			
序号	评估内容	自评	互评	师评
1	纪律（无迟到、早退、旷课）（10 分）			
2	安全规范操作（10 分）			
3	参与度、团队协作能力、沟通交流能力（10 分）			
理论知识（20 分）			
序号	评估内容	自评	互评	师评
1	机器人运动轴与坐标系的选择（10 分）			
2	程序编写的格式（10 分）			
技能操作（50 分）			
序号	评估内容	自评	互评	师评
1	独立完成搬运程序的编写（10 分）			
2	独立完成搬运运动关节位置数据记录（10 分）			
3	程序校验（10 分）			
4	独立操作机器人运行程序实现搬运示教（10 分）			
5	程序运行示教（10 分）			
综合评价			

思考与练习题 2

一、填空题

1. 程序是为使机器人完成某种任务而设置的_____。常见的程序编写方法

有两种，_____和_____。

2．用来实现以指定速度、特定路线模式等将工具从一个位置移动到另一个指定位置的指令是_____。

3．机器人动作类型有 3 种：_____（J）、_____（L）、_____（C）。

4．使用机器人完成搬运工作，要经过 4 个主要工作环节，包括_____、_____、_____、_____。

5．位置数据包括_____和_____。

二、简答题

1．简述搬运机器人的特点和应用场合。

2．简述示教编程方法的定义和特点。

3．程序的基本信息有哪些？其功能分别是什么？

4．简述搬运机器人的工作流程。

三、操作题

1．试建立机器人法兰盘端面中心工具坐标系。

2．试编写程序，控制机器人法兰盘端面从参考点位置移动到空间某一固定点，然后返回到参考点。

拓展与提高 2——会搬送箱子和沏茶的机器人

近年，仿人机器人的研发取得了重大进展。Rollin' Justin 机器人是由德国航空航天中心（DLR）研制的，能够完成复杂的双手动作，由于采用了移动平台，因此可以在房间中行动自如。它是一种服务机器人的雏形，未来可以帮助人们完成日常家务或在仓库里搬送物品。对运动顺序至关重要的快速通信是通过 EtherCAT 实现的，与此同时，由倍福的 TwinCATPLC 自动化控制软件实现精细的控制。

Rollin' Justin 机器人是德国航空航天中心十多年的研究成果。这种人形移动式机器人是在由 DLR 研发的轻型机械臂和机械手基础上研制而成的（例如，用于太空维护工作的机械臂和机械手）。通过旋转和移动底座可扩大机器人的抓取范围，底座装有 4 条独立的、可灵活伸缩的机械腿。这与人通过身躯和腿的运动扩大活动半径相类似。Rollin' Justin 机器人上半身可自由旋转 43°，并配有扭转传感器；共有 51 个关节，可以完成高度灵活的运动，能够灵敏地进行操作和交互运动。该机器人的双手可以娴熟地操作物体，如搬移木箱或者沏茶。后者需要复杂的动作协调性。机器人必须一只手抓住茶叶罐，另一只手旋开它。然后，将茶叶粒倒入饮用玻璃杯。此时，通过手指轻扣塑料容器，精确地控制茶叶用量，最后将水从水瓶倒入茶杯。

视操控动作的不同，机器人需要较松或较紧地协调手臂和手的动作。例如，抓起如木箱之类的大型物体时，两手臂必须紧密地协调工作。另一方面，旋开螺帽，要求手和臂完成良好的同步运动。此外，Rollin' Justin 机器人也可以与人和周边环境进行互动。当撞到某物或者触碰到物体或者人时，它可以感知并立即中止动作，或者询问是否应继续工作。通

过集成的语音识别系统，该机器人可识别约 100 个单词且能将其组成有意义的短语。此外，它还可以通过内置摄像头采集周围环境信息并识别目标，从而调整自己的运动方向。在手指中安装扭矩传感器，确保它可以灵敏地抓起像草莓之类的物体且不挤碎它们。它的脚的活动范围可调，当执行高动态性动作或者大范围移动动作时，它可伸展腿，扩大底盘范围，从而稳定上部躯体。当需要穿过狭窄通道时，它会再次缩回腿。

任务 3

涂胶编程与操作

涂胶机器人是可进行自动涂胶的自动化设备，适用于各种人工不能胜任或使用人力不安全、不经济的场合。机器人代替人工进行涂胶，不仅可以从事大量的工作，而且做工精细，质量好。

任务目标

（1）掌握工业机器人涂胶运动的特点及程序编写方法；
（2）能使用工业机器人基本指令正确编写涂胶控制程序。

知识目标

（1）掌握直线运动控制程序的指令格式，编程方法；
（2）掌握输入/输出条件等待指令的指令格式，编程方法；
（3）掌握工业机器人工具坐标系的设定方法。

能力目标

（1）能够熟练应用直线运动指令编写直线轨迹程序；
（2）能够熟练应用输入/输出条件等待指令编写程序；
（3）能够完成涂胶运动的示教。

任务描述

本任务利用工业机器人完成玻璃的涂胶工作。工业机器人的作用是控制胶枪，使之在涂胶过程中与喷涂表面保持正确的角度和恒定的距离。

3.1 工业机器人的运动学分析

运动学分析是机器人运动规划、轨迹控制的基础，也是理解机器人坐标系的重要手段。对机器人进行运动学正、逆问题的研究，可以完成操作空间位置和速度对关节空间和驱动空间的映射。最重要的是可以研究末端执行器的运动规律，包括速度、加速度及各关节之间的相互关系，并为动力学分析和运动控制提供依据。对于给定的机器人，已知机器人的几何参数和关节变量，由于关节的相对运动使连杆运动，从而可以确定末端执行器相对给定坐标的位置和姿态。或者已知机器人杆件的几何参数，根据末端执行器在空间中的位置和姿态，以此确定机器人全部关节变量的值。

3.1.1 工业机器人的位置与姿态描述

机器人末端执行器的位置和姿态简称为位姿。在空间坐标系中，位置是由 3 个移动自由度确定，姿态是由 3 个旋转自由度确定。

关节型机器人可视为由一系列关节连接起来的连杆组成。机器人运动学研究的是各杆件尺寸、运动副类型、杆间相互关系（包括位移关系、速度关系和加速度关系）等。手部相对固定坐标系的位姿和运动是研究的重点，因此，首先要建立相邻连杆之间的相互关系，即建立连杆坐标系，把坐标系固定在机器人的每一个连杆的关节上。可用齐次变换来描述这些坐标系之间的相对位置和姿态方向。

1. 刚体位姿的描述

1）点的位置描述

如图 3-1 所示，在坐标系 $\{A\}$ 中，空间任一点 P 的位置可用（3×1）的位置矢量 $^A\boldsymbol{P}$ 来表示：

$$^A\boldsymbol{P}=\begin{bmatrix} p_x \\ p_y \\ p_z \end{bmatrix}$$

式中，p_x，p_y，p_z 为点 P 在坐标系 $\{A\}$ 中的 3 个位置坐标分量。

如用 4 个数组成的（4×1）矩阵表示三维空间直角坐标系 $\{A\}$ 中的点 P，则该矩阵称为三维空间点 P 的齐次坐标，即

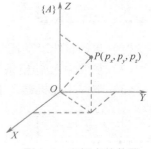

图 3-1　空间点的位置

$$\boldsymbol{P}=\begin{bmatrix} p_x \\ p_y \\ p_z \\ 1 \end{bmatrix}$$

齐次坐标并不是唯一的，当矩阵的第一项分别乘以一个非零因子 ω 时，即

$$P=\begin{bmatrix} p_x \\ p_y \\ p_z \\ 1 \end{bmatrix}=\begin{bmatrix} a \\ b \\ c \\ \omega \end{bmatrix}$$

式中，$a=\omega p_x$，$b=\omega p_y$，$c=\omega p_z$。该矩阵也表示点 P。

2）坐标轴的方向描述

方位也叫姿态。用 $\boldsymbol{i}$、$\boldsymbol{j}$、$\boldsymbol{k}$ 来表示直角坐标系中 X、Y、Z 轴的单位向量，用齐次坐标来描述 X、Y、Z 轴的方向，则有

$$X=\begin{bmatrix} 1 \\ 0 \\ 0 \\ 0 \end{bmatrix}, \quad Y=\begin{bmatrix} 0 \\ 1 \\ 0 \\ 0 \end{bmatrix}, \quad Z=\begin{bmatrix} 0 \\ 0 \\ 1 \\ 0 \end{bmatrix}$$

规定：

矩阵 $[a,\ b,\ c,\ 0]^T$ 表示某轴（或某矢量）的方向，其中第 4 个元素为 0，$a^2+b^2+c^2=1$；$[a,\ b,\ c,\ \omega]^T$ 中第 4 个元素不为 0，表示空间某点的位置。

例如，在图 3-2 中，矢量 $\boldsymbol{v}$ 的方向用（4×1）矩阵表示为

$$\boldsymbol{v}=\begin{bmatrix} a \\ b \\ c \\ 0 \end{bmatrix}$$

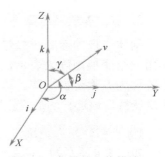

图 3-2　矢量的方位描述

式中，$a=\cos\alpha$，$b=\cos\beta$，$c=\cos\gamma$。

矢量 $\boldsymbol{v}$ 所坐落的点为坐标原点，表示为

$$0=\begin{bmatrix} 0 \\ 0 \\ 0 \\ 1 \end{bmatrix}$$

3）刚体的位姿描述

机器人的每一个连杆均可视为一个刚体，若给定了刚体上某一点的位置和该刚体在空间的姿态，则这个刚体在空间上是唯一确定的，可用唯一一个位姿矩阵进行描述。

如图 3-3 所示，设 $O'X'Y'Z'$ 为刚体 Q 固连的一个坐标系，刚体 Q 固定在坐标系 $OXYZ$ 中的位置可用齐次坐标的形式表示为

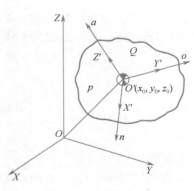

图 3-3　刚体的位姿

$$P = \begin{bmatrix} x_0 \\ y_0 \\ z_0 \\ 1 \end{bmatrix}$$

令 n、o、a，分别为 X'、Y'、Z' 轴的单位方向矢量，即

$$n = \begin{bmatrix} n_x \\ n_y \\ n_z \\ 0 \end{bmatrix}, \quad o = \begin{bmatrix} o_x \\ o_y \\ o_z \\ 0 \end{bmatrix}, \quad a = \begin{bmatrix} a_x \\ a_y \\ a_z \\ 0 \end{bmatrix}$$

刚体的位姿表示为（4×4）矩阵：

$$T = [n\ o\ a\ p] = \begin{bmatrix} n_x & o_x & a_x & x_0 \\ n_y & o_y & a_y & y_0 \\ n_z & o_z & a_z & z_0 \\ 0 & 0 & 0 & 1 \end{bmatrix}$$

2. 齐次变换及运算

刚体连杆的运动一般包括平移运动、旋转运动和平移加速旋转运动。把每次简单的运动用一个变换矩阵来表示，那么多次运动即可用多个变换矩阵的积来表示，表示这个积的矩阵称为齐次变换矩阵。这样，用连杆的初始位姿矩阵乘以齐次变换矩阵，即可得到经过多次变换后该连杆的最终位姿矩阵。

1）平移的齐次变换

如图 3-4 所示为空间某一点在直角坐标系中的平移，由 $A(x, y, z)$ 平移至 $A'(x', y', z')$，即

$$\begin{bmatrix} x' \\ y' \\ z' \\ 1 \end{bmatrix} = \begin{bmatrix} 1 & 0 & 0 & \Delta x \\ 0 & 1 & 0 & \Delta y \\ 0 & 0 & 1 & \Delta z \\ 0 & 0 & 0 & 1 \end{bmatrix} \begin{bmatrix} x \\ y \\ z \\ 1 \end{bmatrix}$$

记为

$$a' = \text{Trans}(\Delta x, \Delta y, \Delta z)a$$

式中，$\text{Trans}(\Delta x, \Delta y, \Delta z)$ 称为平移算子，Δx、Δy、Δz 分别表示沿 X、Y、Z 轴的移动量，即

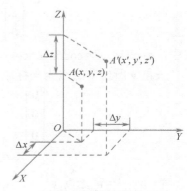

图 3-4　点的平移变换

$$\text{Trans}(\Delta x, \Delta y, \Delta z) = \begin{bmatrix} 1 & 0 & 0 & \Delta x \\ 0 & 1 & 0 & \Delta y \\ 0 & 0 & 1 & \Delta z \\ 0 & 0 & 0 & 1 \end{bmatrix}$$

注意：

① 算子左乘，表示点的平移是相对于固定坐标系进行的坐标变换。

② 算子右乘，表示点的平移是相对于动坐标系进行的坐标变换。

③ 该公式也适用于坐标系的平移变换、物体的平移变换，如机器人手部的平移变换。

2）旋转的齐次变换

点在空间直角坐标系中的旋转如图 3-5 所示。$A(x, y, z)$绕 Z 轴旋转 θ 角后至 $A'(x', y', z')$，A 与 A' 之间的关系为

$$\begin{cases} x' = x\cos\theta - y\sin\theta \\ y' = x\cos\theta + y\sin\theta \\ z' = z \end{cases}$$

因 A 点是绕 Z 轴旋转的，所以把 A 与 A' 投影到 XOY 平面内，设 OA、OA' 在 XOY 平面内投影长度为 r，则有

$$\begin{cases} x = r\cos\alpha \\ y = r\sin\alpha \end{cases}$$

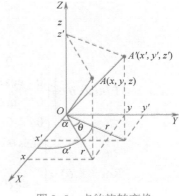

图 3-5　点的旋转变换

同时有

$$\begin{cases} x' = r\cos\alpha' \\ y' = r\sin\alpha' \end{cases}$$

式中，$\alpha' = \alpha + \theta$，即

$$\begin{cases} x' = r\cos(\alpha + \theta) \\ y' = r\sin(\alpha + \theta) \end{cases}$$

$$\begin{cases} x' = r\cos\alpha\cos\theta - r\sin\alpha\sin\theta \\ y' = r\sin\alpha\cos\theta + r\cos\alpha\sin\theta \end{cases}$$

所以

$$\begin{cases} x' = x\cos\theta - y\sin\theta \\ y' = y\cos\theta + x\sin\theta \end{cases}$$

由于 Z 坐标不变，因此有

$$\begin{cases} x' = x\cos\theta - y\sin\theta \\ y' = x\sin\theta + y\cos\theta \\ z' = z \end{cases}$$

写成矩阵形式为

$$\begin{bmatrix} x' \\ y' \\ z' \\ 1 \end{bmatrix} = \begin{bmatrix} \cos\theta & -\sin\theta & 0 & 0 \\ \sin\theta & \cos\theta & 0 & 0 \\ 0 & 0 & 1 & 0 \\ 0 & 0 & 0 & 1 \end{bmatrix} \begin{bmatrix} x \\ y \\ z \\ 1 \end{bmatrix}$$

记为

$$a' = \mathrm{Rot}(Z, \theta)a$$

式中，绕 Z 轴旋转算子左乘是相对于固定坐标系的，即

$$\mathrm{Rot}(Z,\theta)=\begin{bmatrix} \cos\theta & -\sin\theta & 0 & 0 \\ \sin\theta & \cos\theta & 0 & 0 \\ 0 & 0 & 1 & 0 \\ 0 & 0 & 0 & 1 \end{bmatrix}$$

同理

$$\mathrm{Rot}(X,\theta)=\begin{bmatrix} 1 & 0 & 0 & 0 \\ 0 & \cos\theta & -\sin\theta & 0 \\ 0 & \sin\theta & \cos\theta & 0 \\ 0 & 0 & 0 & 1 \end{bmatrix}$$

$$\mathrm{Rot}（Y,\theta）=\begin{bmatrix} \cos\theta & 0 & \sin\theta & 0 \\ 0 & 1 & 0 & 0 \\ -\sin\theta & 0 & \cos\theta & 0 \\ 0 & 0 & 0 & 1 \end{bmatrix}$$

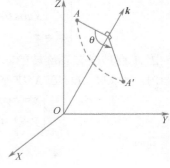

如图 3-6 所示为点 A 绕任意过原点的单位矢量 $\boldsymbol{k}$ 旋转 θ 角的情况。k_x、k_y、k_z 分别为矢量 $\boldsymbol{k}$ 在固定参考坐标轴 X、Y、Z 上的 3 个分量，且 $k_x^2+k_y^2+k_z^2=1$。可以证明，其旋转齐次变换矩阵为

图 3-6　点的一般旋转变换

$$\mathrm{Rot}(k,\theta)=\begin{bmatrix} k_xk_x(1-\cos\theta)+\cos\theta & k_yk_x(1-\cos\theta)-k_z\sin\theta & k_zk_x(1-\cos\theta)+k_y\sin\theta & 0 \\ k_xk_y(1-\cos\theta)+k_z\sin\theta & k_yk_y(1-\cos\theta)+\cos\theta & k_zk_y(1-\cos\theta)-k_x\sin\theta & 0 \\ k_xk_z(1-\cos\theta)-k_y\sin\theta & k_yk_z(1-\cos\theta)+k_z\sin\theta & k_zk_z(1-\cos\theta)+\cos\theta & 0 \\ 0 & 0 & 0 & 1 \end{bmatrix}$$

注意：

① 该式为一般旋转齐次变换通式，概括了绕 X、Y、Z 轴进行旋转变换的情况。反之，当给出某个旋转齐次变换矩阵时，可求得 $\boldsymbol{k}$ 及转角 θ。

② 变换算子公式不仅适用于点的旋转，也适用于矢量、坐标系、物体的旋转。

③ 左乘是相对于固定坐标系的变换；右乘是相对于动坐标系的变换。

3. 平移加旋转的齐次变换

平移变换和旋转变换可以组合在一起，计算时只要用旋转算子乘以平移算子即可实现在旋转上加平移，在此不再赘述。

3.1.2　工业机器人运动学

1. 连杆参数的关节变量

如图 3-7 所示为机器人手臂的某一连杆，连杆 i 两端有关节 i 和 $i+1$。可以通过两个几何参数描述该连杆——连杆长度和扭角。由于连杆两端的关节分别有其各自的关节轴线，因此通常情况下，这两条轴线是空间异面直线，这两条空间异面直线的公垂线

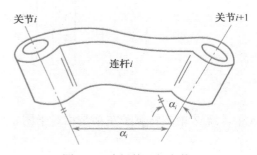

图 3-7　连杆的几何参数

段的长 a 即为连杆长度,这两条空间异面直线间的夹角 α_i 即为连杆扭角。

如图 3-8 所示,相邻连杆 i 与 $i-1$ 的关系参数可由连杆转角和连杆距离描述。沿关节 i 轴线两个公垂线间的距离 d 即为连杆距离;垂直于关节 i 轴线的平面内两个公垂线的夹角 θ_i 即为连杆转角。

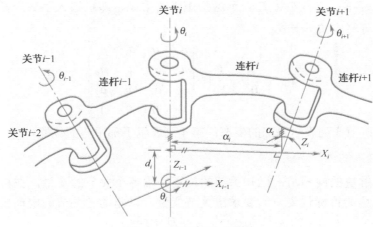

图 3-8 连杆的关系参数

这样,每个连杆可以由 4 个参数来描述,其中两个是连杆尺寸,另外两个表示连杆与相邻连杆的连接关系。当连杆 i 旋转时,θ_i 为关节变量,其他 3 个参数不变;当连杆进行平移运动时,d_i 为关节变量,其他 3 个参数不变。这种描述机构运动关系的规则称为 Denavit-Hartenberg 方法,简称 D-H 方法。已知各个关节变量的值,便可从基座固定坐标系通过连杆坐标系的传递,推导出手部坐标系的位姿形态。

2. 连杆坐标系和齐次变换

为了确定各连杆之间的相对运动和位姿关系,在每一连杆上固接一个坐标系。与基座(连杆 0)固接的称为基坐标系,与连杆 1 固接的称为坐标系{1},与连杆 i 固接的称为坐标系{i}。

建立连杆坐标系的规则如下。

(1)连杆 i 坐标系的坐标原点位于 $i+1$ 关节轴线上,是关节 $i+1$ 的关节轴线与 i 和 $i+1$ 关节轴线公垂线的交点。

(2)Z 轴与 $i+1$ 关节轴线重合。

(3)X 轴与公垂线重合,从 i 指向 $i+1$ 关节。

(4)Y 轴按右手定则确定。

3. 工业机器人的运动学正解

通常把描述一个连杆坐标系与下一个连杆坐标系间相对关系的齐次变换矩阵叫 A_i 变换矩阵,简称 A_i 矩阵。如果 A_1 矩阵表示第一个连杆坐标系相对固定坐标系的位姿;A_2 矩阵表示第二个连杆坐标系相对第一个连杆坐标系的位姿;A_i 表示第 i 个连杆相对于第 $i-1$ 个连杆的位姿变换矩阵。那么,第二个连杆坐标系在固定坐标系中的位姿可用 A_1 和 A_2 的乘积来表示,即

$$T_2 = A_1 A_2$$

以此类推，对于 6 连杆机器人，有下列矩阵：

$$T_6 = A_1 A_2 A_3 A_4 A_5 A_6$$

该等式称为机器人运动学方程。方程右边为固定参考系到手部坐标系的各连杆坐标系之间变换矩阵的连乘；方程左边 T_6 表示这些矩阵的乘积，即机器人手部坐标系相对于固定参考系的位姿，可写成如下形式：

$$T_6 = \begin{bmatrix} {}_n^0 R & {}_n^0 P \\ 0 & 1 \end{bmatrix} = \begin{bmatrix} n_x & o & a_x & p_x \\ n_y & o_y & a_y & p_y \\ n_z & o_z & a_z & p_z \\ 0 & 0 & 0 & 1 \end{bmatrix}$$

分析该矩阵：前 3 列表示手部的姿态；第 4 列表示手部中心的位置。

4. 工业机器人的运动学逆解

反向运动学解决的问题是：已知手部的位姿，求各个关节的变量。在机器人的控制中，往往已知手部到达的目标位姿，需要求出关节变量，以驱动各关节的电动机，使手部的位姿得到满足，这就是运动学的反向问题，也称运动学逆解。

3.2 涂胶编程实例

等待涂胶的玻璃通过传送带传送到升降工作台，工业机器人接收到涂胶控制信号开始涂胶。涂胶过程包含 4 条轨迹线的涂胶工作。在涂胶过程中要控制胶枪使之在喷涂过程中与喷涂表面保持正确的角度和恒定的距离。涂胶完成后工业机器人发出完成信号，升降工作台升起，通过传送带将玻璃传送到下一工位。在此任务中，要完成编写涂胶程序、目标点示教、程序校验、调试及涂胶工作。

3.2.1 直线运动和输入/输出条件等待指令

1. 运动指令（直线运动指令 L）

指令格式：L P[1] 100 mm/sec FINE

指令注释：机器人以 100 mm/sec 的速度采用直线运动方式移动至目标点 P[1]。

程序说明如下。

（1）L——直线运动指令。

（2）P[1]——位置数据，指定运动位置的目标位置。

（3）100 mm/sec——进给速度，指定机器人运动的进给速度。由程序指令直接指定，单位可为 mm/sec、cm/min、inch/min，最大值由参数限制。通过区别起点和终点时的姿态来控制被驱动工具的姿态。

机器人由 P[1] 点以 100mm/sec 的速度采用直线运动方式移动至 P[2] 点，如图 3-9 所示。

```
1:J  P[1] 100%  FINE
2:L  P[2] 100 mm/sec  FINE
```

图 3-9　L 直线运动示例

2. 输入/输出条件等待指令 WAIT (DI/DO)(比较符)（value）(操作)

指令格式：WAIT (DI/DO)(比较符)(value)(操作)

指令注释：输入/输出条件等待指令将输入/输出信号的值与另一个值进行比较，并等待直到满足比较条件为止。

程序说明如下。

（1）WAIT——等待指令。

（2）DI/DO——输入/输出条件。

（3）value(操作)——取常数（constant）或是相应的操作。

示例：

```
1:  WAIT  DI[i]=ON
2:  WAIT DI[2] <> ON, TIMEOUT LBL[1]
3:  WAIT DO[R[1]] = R[3]
```

指令格式如图 3-10 所示。

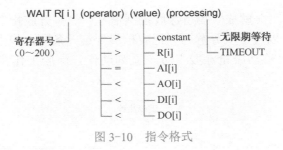

图 3-10　指令格式

3.2.2　涂胶工艺分析

机器人涂胶是用特制胶枪，借助干燥压缩空气将胶液喷涂到黏结表面上，胶层均匀，效率也高，适宜大面积黏结和大规模生产。

（1）涂胶前先检查胶枪功能是否完好，如有积水应事先排除。

（2）涂胶时必须将材质的表面清洁干净，不得有油脂、灰尘或其他杂物。

（3）将喷嘴对着材质表面均匀喷涂。

（4）喷嘴应与材质表面垂直。

（5）按照具体喷涂要求，喷嘴距材质表面应保证合适的距离。

（6）胶枪气压应调到正常要求。

（7）涂胶以胶水层均匀覆盖材质为佳，胶层不宜太厚。

（8）涂胶时，喷枪应均匀平稳移动，不积胶、不缺胶。

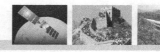

（9）胶枪不用时，应清洗干净。

（10）涂胶工艺中的注意事项如下。

① 涂胶量和涂覆遍数因胶粘剂不同而异，应按规定说明进行。多遍涂胶时，一定要待前遍溶剂基本挥发之后再涂一遍，而且第一层要尽量薄。

② 控制胶层厚度。涂胶量的多少可以控制胶层的厚度，胶层的厚度与黏结强度有密切关系。一般的规律是，黏结强度随胶层厚度的减少而有所增加，胶层越薄产生缺胶的可能性越小，因此产生的内应力也小，黏结强度就越高。但是胶层的厚度小于一定值之后，由于不能形成连续的胶层，黏结强度反而下降，受剥离力时，厚度大些，剥离强度高些。不同类型的胶粘剂适宜的胶层厚度不同，一般无机胶粘剂为 0.1～0.2 mm，有机胶粘剂为 0.3～0.5 mm。

③ 胶层要均匀。胶层中含有气泡或缺胶使黏结头产生薄弱环节，严重影响黏结头的黏结强度，涂胶时应注意胶层均匀，尤其是涂覆黏度较大的糊状胶粘剂，要防止由于不均匀而在胶层中产生气泡的现象。

④ 胶层中溶剂应充分挥发。在胶层中残留溶剂会严重损害黏结性能。为使胶层中的溶剂充分挥发，在涂覆含溶剂的胶粘剂时应分次进行。晾置切勿过度，尤其是最后一次晾置，不然黏度太大，无法胶合，晾置过程中应避免胶面受到空气中灰尘的污染。

3.2.3　涂胶运动规划和示教前的准备

1. 运动规划

机器人涂胶的动作可分解成"等待涂胶控制信号"、"打开胶枪"、"涂胶"、"关闭胶枪"等一系列子任务，还可以进一步分解为"把胶枪移到第一条轨迹线上"、"把胶枪移动到涂胶点"、"打开胶枪"、"移动胶枪涂胶"等一系列动作。涂胶工作流程图和示意图分别如图 3-11 和图 3-12 所示。

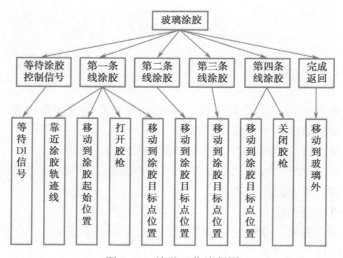

图 3-11　涂胶工作流程图

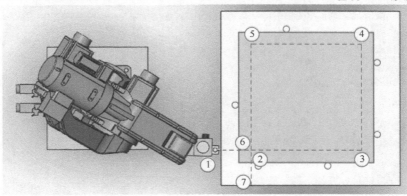

图 3-12　涂胶工作示意图

2. 示教前的准备

本任务中需通过外部 I/O 信号启动机器人涂胶工作，此外胶枪的打开与关闭也需通过 I/O 信号控制，I/O 配置说明如表 3-1 所示。

表 3-1　I/O 配置说明

序号	PLC 地址	状　态	符　号　说　明	控　制　指　令
1	Y	NC	胶枪打开	DO[1]=ON
2	Y	NC	胶枪关闭	DO[2]=ON
3	Y	NC	涂胶完成	DO[3]=ON
4	X	NC	涂胶启动控制信号	DI[1]=ON

3.2.4　胶枪工具坐标系设定

在进行涂胶编程之前，需要构建必要的编程环境，其中工具数据需要在编程前进行定义。工具坐标系用于描述安装在机器人第六轴上的工具的 TCP、位姿等参数数据。一般不同的机器人应用配置不同的工具，如弧焊的机器人使用弧焊枪作为工具，而用于搬运板材等的机器人就会使用吸盘式的夹具作为工具。

HSR-JR 608 工业机器人默认的工具中心点位于第 5 轴和第 6 轴的交点，即位于机器人手腕中心点，如图 3-13 所示。

HSR-JR 608 工业机器人控制系统支持 16 个工具坐标系设定。单击图 3-14 中的"工具坐标设定"按钮，进入坐标系设定窗口，可设置相应工具坐标系的各个坐标值，如图 3-15 所示。

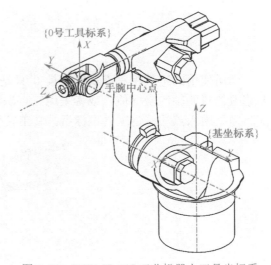

图 3-13　HSR-JR 608 工业机器人工具坐标系

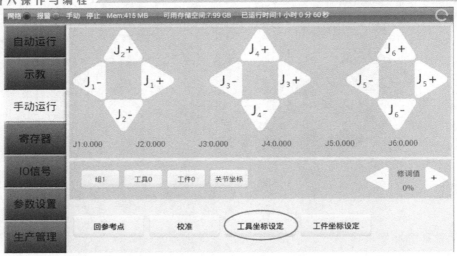

图 3-14　工具坐标系设定界面 1

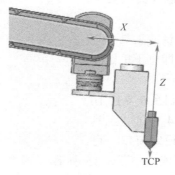

图 3-15　工具坐标系设定界面 2

当所使用的工具相对于默认工具 0 只是 TCP 位置改变，而坐标方向没变时，可单击需要修改位置的轴的坐标值，或者采用三点法标定工具坐标系。当 TCP 和坐标方向都发生改变时需采用六点法标定工具坐标系。其工具坐标系示意图如图 3-16 所示。

图 3-16　工具坐标系示意图

本任务使用胶枪作为涂胶工具，TCP 点设定在胶枪底部端点位置。新的工具坐标系相对于默认工具 0 的坐标方向没变，只是 TCP 点相对于工具 0 的 3 个坐标值发生改变，所以可采用三点法设定坐标系。

在如图 3-15 所示界面中，选中需要标定的工具号（工具 0 不能被标定），单击"清除坐标"按钮，可将当前选中坐标系的各个坐标值清零。单击如图 3-14 所示界面中的"工具坐标设定"按钮进入工具坐标系设定界面，单击"坐标标定"按钮，可弹出坐标标定对话框，选择"三点标定"选项，如图 3-17 所示。通过标定空间中机器人工具末端在坐标系中的 3 个不同位置来计算工具坐标系。

⚠ 坐标标定		
工具0	三点标定 ▾	修改位置
接近点1		
接近点2		
接近点3		
确认		取消

图 3-17 坐标标定对话框

三点法标定工具坐标系的操作方法如下。

将工具 TCP（即工具坐标中心点）移动到第一个标定点，定为工具坐标系的原点，沿工具坐标系 +X 方向移动一定距离作为 X 方向延伸点，再从工件坐标系 XOY 平面的第一或第二象限内选取任意点作为 Y 方向延伸点。由这 3 个点计算出工具坐标系，如图 3-18 所示。

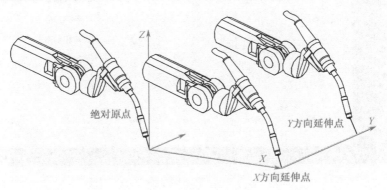

图 3-18 三点法标定工具坐标系

3.2.5 涂胶示教编程

涂胶程序如表 3-2 所示 s。

表 3-2 涂胶程序

序　号	程　　序	程 序 注 释
1	WAIT　DI[1]=ON	等待涂胶控制输入信号

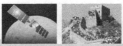

续表

序　号	程　序	程　序　注　释
2	J P[1] s100% FINE	移动胶枪至 1 点
3	L P[2] 50 mm/sec FINE	工具抓取工件
4	DO[1] = ON	打开胶枪，涂胶开始
5	L P[3] 50 mm/sec FINE	涂胶至 3 点
6	L P[4] 50 mm/sec FINE	涂胶至 4 点
7	L P[5] 50 mm/sec FINE	涂胶至 5 点
8	L P[6] 50 mm/sec FINE	涂胶至 6 点
9	DO[2] = ON	关闭胶枪
10	L P[7] 50mm/sec FINE	移动胶枪至 7 点
11	J P[1] 50% FINE	移动胶枪至起始点 1，便于第二次涂胶
12	DO[3] = ON	程序结束

1. 新建程序

启动机器人，手动操作机器人返回参考点。在新建程序界面下输入程序名称"tujiao"，如图 3-19 所示。

图 3-19　新建程序界面

2. 输入/输出条件等待涂胶控制指令信号

长按指令语句"END"，在弹出的如图 3-20 所示界面中选择"等待指令"按钮，然后选择图 3-21 中的"WAIT …= …"选项。如图 3-22 所示，滑动指令光标指示 WAIT 后的第一个"…"，单击"X[…,…]选项，在文本框中输入"1"，单击"确认"按钮，如图 3-23～图 3-25 所示。滑动指令光标指示图 3-26 中的"…"，单击"ON"选项，然后单击"确认"按钮（如图 3-27 所示），即完成"WAIT 1"指令语句的输入，如图 3-28 所示。

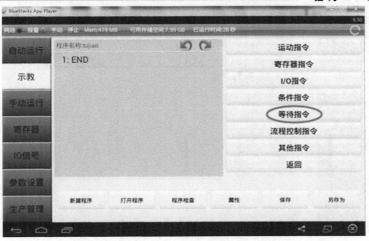

图 3-20 条件等待指令（1）

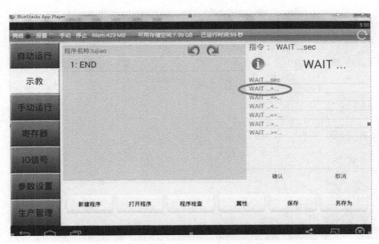

图 3-21 条件等待指令（2）

图 3-22 条件等待指令（3）

图 3-23   条件等待指令（4）

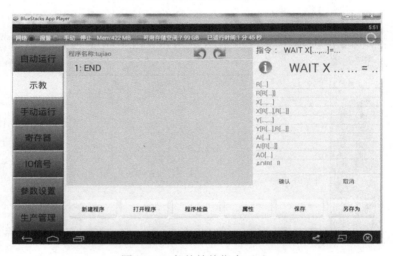

图 3-24   条件等待指令（5）

图 3-25   条件等待指令（6）

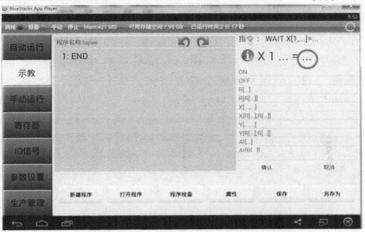

图 3-26　条件等待指令（7）

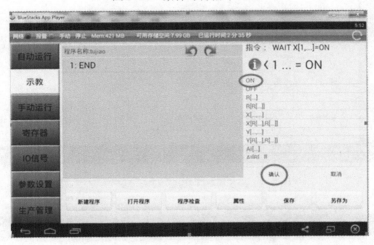

图 3-27　条件等待指令（8）

图 3-28　条件等待指令（9）

3. 示教点 1

长按指令语句"WAIT X[1]=ON"，在弹出的如图 3-29 所示界面中选择"下行插入"按钮，然后选择图 3-30 中的"运动指令"按钮。选择图 3-31 中的 J 指令，滑动指令光标指示"…"并单击，在如图 3-32 所示文本框中输入"1"，单击"确认"按钮，即完成"J P[1] 100% FINE"指令语句的输入，如图 3-33 所示。

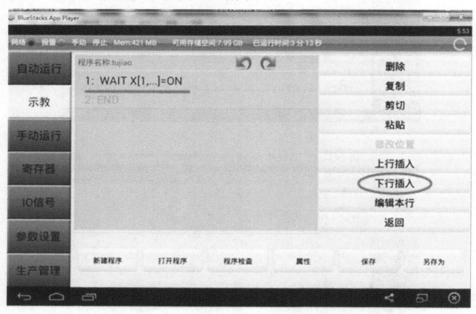

图 3-29 示教点 1 程序输入界面（1）

图 3-30 示教点 1 程序输入界面（2）

图 3-31 示教点 1 程序输入界面（3）

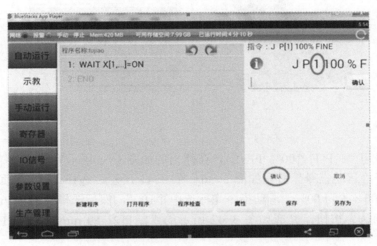

图 3-32 示教点 1 程序输入界面（4）

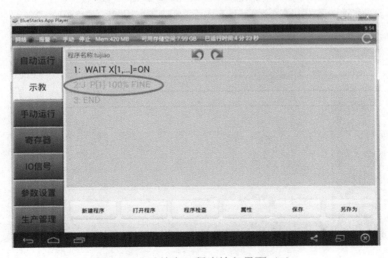

图 3-33 示教点 1 程序输入界面（5）

长按已建好的指令语句"J P[1] 100% FINE",在弹出的界面中选择"修改位置"按钮,从弹出的界面中选择"位置修改"按钮进入手动运行界面进行位置修改。单击"关节坐标"按钮,在弹出的对话框中将机器人坐标系切换至"基坐标",手动将机器人移动到点 1 位置。单击"记录位置"按钮,进入"位置变量设置"对话框,此时坐标值已修改,已记录下机器人当前即第一点的位置。示教点 1 示意图如图 3-34 所示。

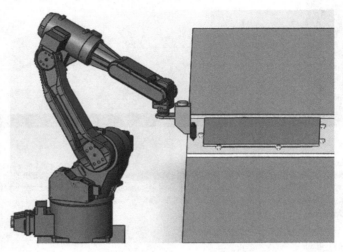

图 3-34　示教点 1 示意图

4. 示教点 2

长按指令语句"J P[1] 100% FINE",在弹出的如图 3-35 所示界面中选择"下行插入"按钮,然后选择"运动指令"按钮如图 3-36～图 3-41 所示,选择"L"选项,将 P 中的值设为"2",将 100%改为 50%,滑动指令光标选中"100",然后选择"constant"选项,输入"50",单击"确认"按钮,完成如图 3-42 所示的"L P[2] 50 mm/sec FINE"指令语句的输入。

图 3-35　示教点 2 程序输入界面(1)

图 3-36 示教点 2 程序输入界面（2）

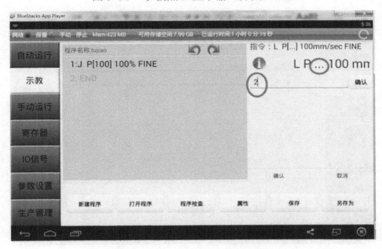

图 3-37 示教点 2 程序输入界面（3）

图 3-38 示教点 2 程序输入界面（4）

图 3-39　示教点 2 程序输入界面（5）

图 3-40　示教点 2 程序输入界面（6）

图 3-41　示教点 2 程序输入界面（7）

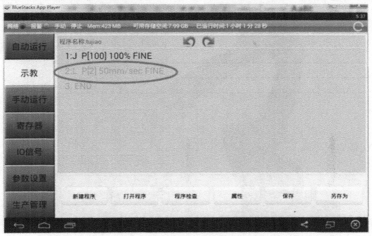

图 3-42 示教点 2 程序输入界面（8）

长按已建好的指令语句"L P[2] 50 mm/sec FINE"，在弹出的界面中选择"修改位置"按钮，从弹出的界面中选择"直角"坐标系选项，将"工具"坐标系选项设置为"1"，单击"位置修改"按钮进入手动运行界面进行位置修改。将机器人坐标系切换至"工具坐标"，在工具坐标系下手动将机器人移动到点 1 位置，单击"记录位置"按钮，进入 "位置变量设置"对话框，此时坐标值已修改，已记录下机器人当前即第二点的位置。示教点 2 示意图如图 3-43 所示。

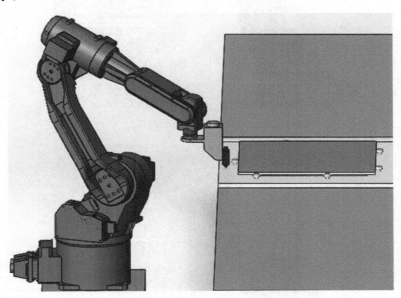

图 3-43 示教点 2 示意图

5. 示教点 3～7

示教点 3～7 示意图分别如图 3-44～图 3-48 所示，喷涂完毕后返回示教点 2，如图 3-49 所示。

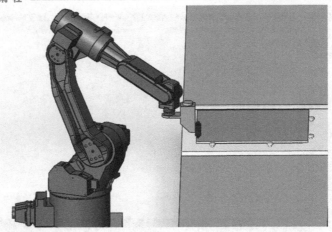

图 3-44　示教点 3 示意图

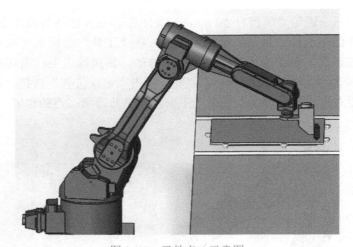

图 3-45　示教点 4 示意图

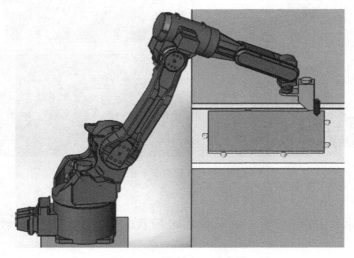

图 3-46　示教点 5 示意图

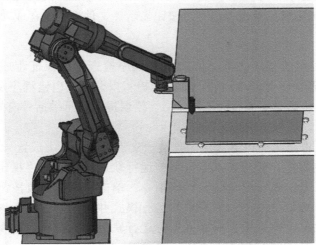

图 3-47 示教点 6 示意图

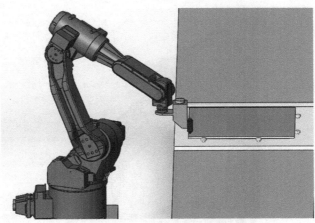

图 3-48 示教点 7 示意图

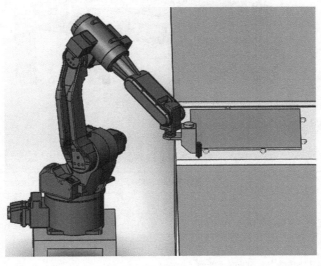

图 3-49 示教点 2 示意图

"涂胶"程序编制完成,单击"保存"按钮显示"文件涂胶保存成功"。

6. 程序测试

在首次运行新编写的程序之前,应先执行程序检查,以保证程序的正常运行。单击"程序检查"按钮,若程序有语法错误,则根据提示报警号、出错程序及错误行号进行具体修改。程序报警定义请参照本书后面的附录 A,错误提示信息中括号内的数据即为报警号。若程序没有错误,则提示程序检查完成。

运行测试之前可以在工业机器人末端安装一支笔,在桌子上放置一个本子,如图 3-50 所示。加载已编好的程序,若想先试运行单个运行轨迹,可选择"指定行"按钮,输入试运行的指令所在的行号,系统自动跳转到该指令。单击修调值修改按钮"+"和"-"将程序运行时的速度倍率修调值减小。选择单步运行模式并启动,试运行该指令,机器人会根据程序指令进行相关的动作。根据机器人实际运行轨迹和工作环境需要可适当添加中间点。程序运行时,机器人带动笔在本子上画出运动轨迹。根据所画图形,判断机器人运行轨迹的正确性。

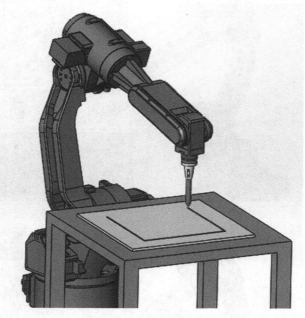

图 3-50　程序运行测试

对本任务的考核与评价参照表 3-3。

表 3-3　考核与评价

基本素养（30 分）				
序号	评估内容	自评	互评	师评
1	纪律（无迟到、早退、旷课）（10 分）			
2	安全规范操作（10 分）			
3	参与度、团队协作能力、沟通交流能力（10 分）			

续表

理论知识（20 分）			
序号	评估内容	自评	互评	师评
1	机器人工具坐标系的建立（10 分）			
2	直线编程与条件输入/输出指令的应用（10 分）			

技能操作（50 分）			
序号	评估内容	自评	互评	师评
1	独立完成涂胶程序的编写（10 分）			
2	独立完成涂胶运动位置数据记录（10 分）			
3	程序校验（10 分）			
4	独立操作机器人运行程序实现涂胶示教（10 分）			
5	程序运行示教（10 分）			
综合评价			

思考与练习题 3

一、填空题

1．机器人的涂胶工作主要有 3 种模式：＿＿＿＿＿＿＿＿＿＿、＿＿＿＿＿＿＿＿＿和＿＿＿＿＿＿＿＿＿＿。

2．指令语句"L P[1] 100 mm/sec FINE"的作用是控制机器人以＿＿＿速度采用＿＿＿移动至目标点 P[1]。

3．直线运动指令的进给速度的单位可为＿＿＿＿＿＿＿＿＿＿，最大值由参数限制。通过区别起点和终点时的姿态来控制被驱动的工具的姿态。

4．输入/输出条件等待指令将＿＿＿＿＿＿＿与另一个值进行比较，并等待＿＿＿＿＿＿为止。

二、简答题

1．简述涂胶机器人的定义、特点、作用和应用场合。

2．与传统的机械涂胶相比，机器人涂胶有什么优点？

3．简述涂胶机器人的工作流程。

三、操作题

1．试在工业机器人末端安装一支笔，编写程序控制工业机器人画一个五角星。

2．试将工业机器人与一个简单控制器连接，编写程序使当有输入信号时，能控制机器人移动到特定位置。

拓展与提高 3——喷涂机器人的发展趋势

为了追求喷涂过程更大的灵活性和更高的效率，从 20 世纪 90 年代起汽车工业开始引入

机器人来代替喷涂机械，同时开始使用机器人进行内表面的自动喷涂。与传统的机械喷涂相比，采用机器人喷涂有两个突出的优点：可以减少30%~40%的喷枪数量；提高了喷枪运动的速度。为了适应高速喷涂，在内表面喷涂和在第2层金属漆上喷涂时都要采用高速旋转喷枪。

现代汽车工业的迅速发展使汽车型号迅速变化，车体设计不断调整，只有采用机器人才能适应这种频繁变化的生产要求。机器人的作用是控制喷枪，使之在喷涂过程中与喷涂表面保持正确的角度和恒定的距离（一般为200 mm）。为了实现这一任务，工程师采用专门的软件对喷涂对象的三维模型进行处理，确定喷枪的移动路径和相应的喷涂参数。然后将这些数据传输给机器人控制器，在整个喷涂过程中控制机器人的动作。一般来说，只有比较复杂的和要求非常精确的喷涂过程才需要这样的处理。在环保意识日益增强的今天，人们称环保效果好的涂装厂为"绿色工厂"，技术陈旧的涂装厂为"褐色工厂"。无论是新建绿色工厂还是改造褐色工厂，建立机器人全自动喷涂生产线都是十分必要的。在新建工厂时，合理使用资金是最重要的原则，因此降低喷涂生产线的投入是非常关键的一个环节。而对于那些需要改造的工厂来说，如何将机器人合理引入到现有的喷涂生产线，以及由此而产生的费用则是关键性的问题。

新一代喷涂机器人的设计贯彻了模块化结构的原则，机器人可以配备不同的连接装置，这样既能够以固定方式工作也可以安装在轨道上工作。轨道可以固定在喷涂室侧壁上，也可以固定在靠近天花板的位置。如果把喷涂机器人的雾化喷枪改成操作夹具，则可以成为操作开门的机器人，因为两种机器人的驱动系统是一样的。

机器人工作臂的运动方式可以选择装配成两轴或三轴的。两轴的机器人配合高速旋转的喷枪，以旋转对称的运动方式工作，这样能减少一个驱动轴，减轻重量、简化设计。

机器人的喷涂工作主要有三种模式：第一种是动/静模式，在这种模式下，喷涂物先被传送到喷涂室中，在喷涂过程中保持静止。第二种是流动模式，在这种模式下，喷涂物匀速通过喷涂室。在动/静模式时机器人可以移动，在流动模式时机器人是固定不动的。第三种模式是跟踪模式，在这种模式下，喷涂物匀速通过喷涂室，机械手不只跟踪喷涂物，而且还要根据喷涂面而改变方向和角度。

在外表面喷涂过程中，机器人安置在可升降的轨道上，能够自由接近喷涂体的表面，因此可以缩小操作空间，降低运营费用。在旧工厂的改造中，如果以这种方式用机器人取代旧机械，就可以保持原有的喷涂室不变。这样既能降低改造成本，又能缩短工期。在内表面喷涂室中，不同机器人的轨道可以上下平行安装。用于打开引擎盖和后备箱盖的操作机器人安置在较高的轨道上，这样就能"跨越"安置在下方轨道上的喷涂机器人而工作。这种方案可以使喷涂室缩短1~2 m，既能减少建设投资，又能降低运营成本。

机器人的电源、控制器和安全系统都安装在喷涂室外的控制箱内。由于控制箱也采用模块化的设计，因此能很方便地针对客户实际的涂装流程进行优化的配置。在杜尔公司生产的先进的涂装系统中，采用了多运动柔性控制技术，将机器人的控制和喷涂流程的控制集成在一起进行处理，不需要再设置喷涂流程的控制了。

任务 4

喷漆编程与操作

喷漆是产品生产过程中的一个重要工序，它是利用压缩空气将油漆通过喷枪喷到产品坯体上，喷漆时喷枪与坯体的距离、角度、喷枪移动速度等决定了喷漆的质量，这就对操作工人提出了很高的要求；另外，油漆粉尘对操作工人也十分有害。因此，采用机器人代替人工喷漆是个很好的选择。喷漆机器人有很多优点：能大大提高工作效率，减轻工人劳动强度，保障工人身体安全；能够适应现场的高温、高湿、多粉尘的恶劣环境。

任务目标

（1）掌握工业机器人喷涂运动的特点及程序编写方法；
（2）能使用工业机器人基本指令正确编写喷漆控制程序。

知识目标

（1）掌握圆弧运动控制程序的指令格式、编程方法；
（2）掌握寄存器 R 指令、标签指令 LB、条件指令 IF、跳转指令 JMP 的指令格式、编程及应用。

能力目标

（1）能够熟练应用圆弧运动指令编制直线轨迹程序；
（2）能够熟练应用 R、PR、LB、IF、JMP 指令编写程序；
（3）能够完成喷漆运动的示教。

任务描述

本任务利用 HSR-JR 608 机器人对工件进行喷漆。机器人的作用是控制喷枪，使之在喷漆过程中与喷涂表面保持正确的角度和恒定的距离。通过本章的学习，使大家学会机器人的喷漆应用；学会机器人喷漆过程的程序编写、程序数据创建、目标点示教、程序调试，最终完成整个喷漆过程。

4.1 喷漆前的准备

该喷漆机器人单元主要由一台工业机器人、一套工作台、一套喷漆装置、一工作间（直接把机器人和工作台安装在其内）及一套电气控制系统组成，主要结构如图4-1所示。

工件放在工作台上，通过定位固定位置；机器人带动喷漆装置进行喷漆。当工件一面喷漆完成后，工作台转位，机器人回到原点开始喷另一面。所有表面喷漆完成后，机器人发出喷漆完成信号，人工进行收取和摆放工件。

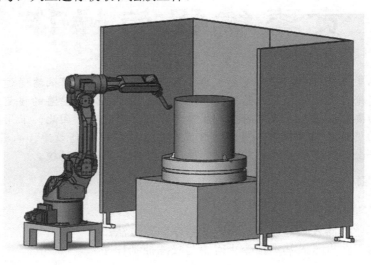

图 4-1　喷漆结构示意图

4.1.1 喷漆工艺分析

随着工业自动化水平的提高，工业机器人的应用也越来越广泛。喷涂机器人作为工业机器人的一个应用领域，主要包括汽车喷漆、家电喷涂、静电喷涂及家具喷涂等几大类。其中对于汽车、家电等产品，其表面的喷漆效果对质量有很大的影响，产品表面的色泽和光洁度取决于涂层厚度。涂层过厚的地方在使用过程中有龟裂的倾向，如果表面的涂层厚度能保持一致，那么产品表面就不会因为溶剂的凸起引起不光洁。因此，对于汽车等大型工业产品的生产，合理选择工艺参数，规划喷漆轨迹，可以保证漆膜厚度的均匀性，从而节约生产成本，提高生产效率。

机器人喷涂的表面类型大致分为以下几种：水平面、竖直侧表面、曲面。各个表面喷涂时对喷枪的姿态要求各不相同。

（1）在喷涂工件顶面等水平面时，喷枪垂直于喷涂表面或者向机器人方向倾斜 0°～10°（防止喷到机器人或者工作人员）；喷涂两遍，第一遍喷距设为 20～30 cm，第二遍喷距为30～40 cm。

（2）在喷涂工件侧面等竖直表面时，喷枪垂直于喷涂表面；喷涂两遍，第一遍喷距约为 30 cm，第二遍喷距约为40 cm。

（3）在喷涂工件内侧斜面等复杂曲面时，喷枪垂直于喷涂表面；喷涂两遍，第一遍喷距约为 30 cm，第二遍喷距约为 40 cm。

4.1.2 运动规划

1. 任务规划

机器人喷漆的动作可分解成为"喷漆"、"工件转位"、"再喷漆"等一系列子任务，还可以进一步分解为"把喷枪靠近工件"、"移动吸盘贴近工件"、"打开喷枪喷漆"、"沿工件移动喷枪"等一系列动作，如图 4-2 所示。

图 4-2 任务规划

2. 动作循环规划

喷漆作业过程需要对工件的四面进行喷漆，各面的喷漆运动轨迹相同，所以只需要编写一个表面的喷漆运动程序即可，通过条件判断控制工作台转位换面。可设定一个转位计数标志，当工件一面喷漆完成后，工作台转位，同时计数标志加 1，机器人回到原点开始喷另一面。当计满四次时，表明喷漆完成，输出喷漆结束信号。喷漆动作循环规划如图 4-3 所示。

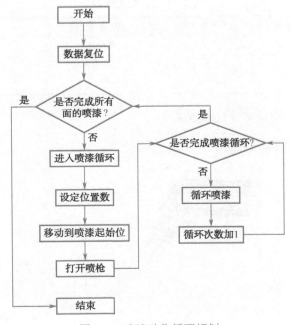

图 4-3 喷漆动作循环规划

3. 轨迹规划

在单面喷漆作业过程中，喷枪沿着工件表面以圆弧轨迹移动到工件右侧，然后向下移动固定距离，再沿着工件表面以相同的圆弧轨迹移动到工件左侧，再向下移动固定距离，然后再以相同的圆弧轨迹移动到工件右侧。这样循环往复运动，完成整个喷漆过程。喷漆循环运动轨迹如图 4-4 所示。

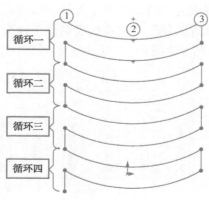

图 4-4　喷漆循环运动轨迹

4.1.3　示教前的准备

本任务需通过外部 I/O 信号启动机器人喷漆工作，第一面喷漆完成后，需要通过 I/O 信号控制工作台转位。此外，喷枪的打开与关闭也需通过 I/O 信号控制。I/O 配置说明如表 4-1 所示。

表 4-1　I/O 配置说明

序号	PLC 地址	状　态	符　号　说　明	控 制 指 令
1	Y	NC	喷枪打开	DO[1]=ON/OFF
2	Y	NC	工作台转位	DO[2]=ON
3	X	NC	工作台到位信号	DI[1]=ON

4.1.4　喷枪工具坐标系六点标定

喷漆工具坐标系如图 4-5 所示。

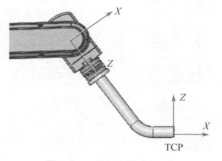

图 4-5　喷漆工具坐标系

本任务使用喷枪作为喷漆工具，TCP 点设定在喷枪底部端点位置，相对于默认工具 0 的坐标方向和 TCP 都发生改变，所以采用六点法标定工具坐标系。

单击"工具坐标设定"按钮进入工具坐标系设定界面，选中需要标定的工具号（工具 0 不能被标定），单击"坐标标定"按钮，可弹出"坐标标定"对话框，选择"六点标定"选项，如图 4-6 所示。通过标定空间中机器人末端在坐标系中的六个不同位置来计算工具坐标系。工具坐标系六点法标定的操作步骤如下。

⚠ 坐标标定

| 工具0 | 六点标定 | 修改位置 |

接近点1

接近点2

接近点3

参考原点

X向延伸点

Z向延伸点

确认　　　　　　　　　　　　　　　取消

图 4-6　工具坐标系标定界面

（1）在机器人工作范围内找到一个非常精确的固定点作为参考点。

（2）在工具上确定一个参考点（最好是工具的中心点）。

（3）用之前介绍的手动操纵机器人的方法，去移动工具上的参考点，6 种不同的机器人姿态尽可能与固定点刚好碰上。第 4 点是工具的参考点垂直于固定点，第 5 点是工具的参考点从固定点向要设定 TCP 的 X 方向移动，第 6 点是工具的参考点从固定点向要设定 TCP 的 Y 方向移动。

（4）机器人通过这 6 个位置点数据计算求得 TCP 的数据，然后 TCP 的数据就保存在这个程序数据中，被程序调用。

4.1.5　工作台工件坐标系设定

工件坐标系是由用户在工件空间定义的一个笛卡儿坐标系。工件坐标包括：（X,Y,Z）用来表示距原点的位置，（A,B,C）用来表示绕 X-、Y-、Z-轴旋转的角度。与工具坐标系相同，机器人控制系统支持 16 个工件坐标系设定，每个工件坐标系可以属于不同的组号，也可为每个工件坐标系添加相应的注释说明。

喷漆过程需要建立一个工件坐标系。单击"工件坐标设定"按钮，即可进入工件坐标设定界面，如图 4-7 所示，界面左边显示所有工件，右边显示当前选中工件的坐标值。当工件变化时，坐标值也随之变化。

工件坐标设定

工件0	● **工件0**		
工件1	○		
工件2	○	X	0.0
工件3	○	Y	0.0
工件4	○	Z	0.0
工件5	○		
工件6	○	A	0.0
工件7	○	B	0.0
工件8	○		
工件9	○	C	0.0
工件10	○	清除坐标	坐标标定
工件11	○		
	确认		取消

图4-7　工件坐标设定界面

在图4-7中选择一个工件，右侧将显示选中工件的坐标值。单击一个轴的坐标值，即可弹出窗口，从中修改选中的坐标值。单击"清除坐标"按钮，可将当前选中的工件的各个坐标值清零。

采用三点法标定工件坐标系时，将第一个标定点定为工件坐标系绝对原点，即工件坐标系X轴的起点，如图4-8所示。将工具 TCP（即工具坐标中心点）沿工件坐标系+X方向移动一定距离作为X方向延伸点，再从工件坐标系XOY平面第一或第二象限内选取任意点作为Y方向延伸点。由此 3 个点计算出工件坐标系，如图4-9所示。

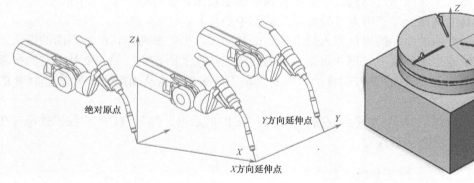

图4-8　工件坐标系三点法标定示意图　　　　　图4-9　工件坐标系

4.2　喷漆编程实例

4.2.1　圆弧运动指令 C

指令格式：C　P[i]
　　　　　　C　P[i+1]　2 000 mm/sec　FINE

指令注释：控制 TCP 点（工具中心点）以 2 000 mm/sec 的进给速度沿圆弧轨迹从起始点经过中间点 P[i] 移动到目标位置 P[i+1]，中间点和目标点在指令中一并给出。

程序说明如下。

（1）C——圆弧运动指令。

（2）P[i]——圆弧运动的起始点。

（3）2 000 mm/sec——进给速度为 2 000 mm/sec。由程序指令直接指定，单位可为 mm/sec、cm/min、inch/min。通过区别起点和终点时的姿态来控制被驱动工具的姿态。

图 4-10 中由 P[1] 点开始沿着过 P[2] 点的圆弧以 2 000 mm/sec 的速度运动至 P[3] 点。

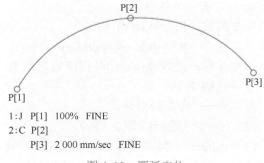

```
1:J  P[1]  100%  FINE
2:C  P[2]
     P[3]  2 000 mm/sec  FINE
```

图 4-10　圆弧定位

4.2.2　标签指令 LBL 和无条件跳转指令 JMP

1. 标签指令 LBL

指令格式：LBL[i]

指令注释：标签指令用于指定程序执行的分支跳转的目标。

程序说明如下。

（1）LBL——标签指令。

（2）[i]——标签序号（1～32 767）。

示例：

```
LBL[2]
```

说明：标签一经执行，对于条件指令、等待指令和无条件跳转指令都是适用的。不能把标签序号指定为间接寻址（如 LBL[R[1]]）。

2. 无条件跳转指令 JMP

指令格式：JMP LBL [i]

指令注释：无条件跳转指令是指在同一个程序中，无条件地从程序的一行跳转到另一行去执行，即将程序控制转移到指定的标签。

程序说明如下。

（1）JMP——无条件跳转指令。

（2）[i]——标签序号（1～32 767）。

示例：

```
JMP LBL[2]
```

4.2.3 寄存器指令 R

寄存器指令在寄存器上完成算术运算。寄存器是一个存储数据的变量，本机器人控制系统提供 200 个 R 寄存器。

指令格式：R[i]=(value)

R[i]=(value)(operator)(value)

指令注释：把数值(value)赋值给指定的 R 寄存器。

程序说明如下。

（1）R——寄存器指令。

（2）[i]——i 的范围是 0～199。

（3）value——可以取常数（constant）、寄存器（R）、位置寄存器中的某个轴（PR[i,j]）、数字量输入/输出（DI[i]，DO[i]）、模拟量输入/输出（AI[i]，AO[i]）。

（4）operator——把两个数值进行 +、−、*、/、MOD、DIV 操作。

① 指令语句：R[i]=(value)+(value)

该指令语句把两个数值的和赋值给指定的 R 寄存器。

② 指令语句：R[i]=(value)−(value)

该指令语句把两个数值的差赋值给指定的 R 寄存器。

③ 指令语句：R[i]=(value)*(value)

该指令语句把两个数值的乘积赋值给指定的 R 寄存器。

④ 指令语句：R[i]=(value)/(value)

该指令语句把两个数值的商赋值给指定的 R 寄存器。

⑤ 指令语句：R[i]=(value)MOD(value)

该指令语句把两个数值的商的余数（小数部分）赋值给指定的 R 寄存器。

⑥ 指令语句：R[i]=(value)DIV(value)

该指令语句把两个数值的商（整数部分）赋值给指定的 R 寄存器。

示例：

```
1: R[1] = DI[3]
2: R[R[4]] = AI[R[1]]
3: R[3] = DI[4]+PR[1,2]
4: R[R[4]] = R[1]+1
```

对于运算寄存器指令，可归纳如下。

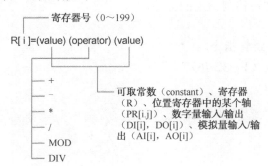

4.2.4　寄存器条件比较指令 IF R[i]

指令格式：IF R[i] (运算符) (value) (操作)

指令注释：寄存器条件比较指令将存储在寄存器中的值与另一个值比较。当比较条件满足时，执行指定的操作。

程序说明如下。

（1）IF——条件指令。

（2）R[i]——寄存器号（0~199）。

指令结构如下。

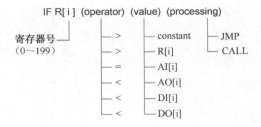

示例：

```
1: IF R[1] = R[2], JMP LBL[1]
2: IF R[R[3]] >= 123, CALL subprog1
```

4.2.5　位置寄存器指令 PR

位置寄存器是一个存储位置数据(x、y、z、w、p、r)的变量，本系统提供 100 个位置寄存器。

指令格式：PR[i]=(value)

指令注释：把数值(value)赋值给指定的位置寄存器。位置寄存器指令在位置寄存器上完成算术操作。位置寄存器指令可以把位置数据、两个数值的和与差赋值给指定的位置寄存器。

指令说明如下。

（1）PR——位置寄存器。

（2）[i]——位置寄存器号（0~99）。

（3）value——可以取位置寄存器（PR）、位置变量（P）、直角坐标系中的当前位置（Lpos）、关节坐标系中的当前位置（Jpos）、用户坐标系（UFRAME[i]）、工具坐标系（UTOOL[i]）。

① 指令语句：PR[i]=(value)

该指令语句把数值(value)赋值给指定的位置寄存器。

② 指令语句：PR[i]=(value)+(value)

该指令语句把两个数值的和赋值给指定的位置寄存器。

③ 指令语句：PR[i]=(value)-(value)

该指令语句把两个数值的差赋值给指定的位置寄存器。

指令结构如下。

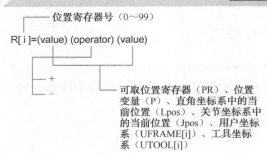

示例：

```
1: PR[1] = Lpos
2: PR[R[4]] = UFRAME[R[1]]
3: PR[9] = UTOOL[1]
4: PR[3] = PR[4]+Lpos
5: PR[4] = PR[R[1]]
```

4.2.6 编制喷漆程序

1. 程序中使用的变量说明

程序中使用的变量说明如表 4-2 所示。

表 4-2　程序中使用的变量说明

序　号	变 量 名	变 量 说 明
1	R[1]	转位计数
2	R[2]	喷漆循环计数
3	R[3]	转位次数
4	R[4]	喷漆循环次数
5	PR[1]	喷漆轨迹 1 点
6	PR[2]	喷漆轨迹 2 点
7	PR[3]	喷漆轨迹 3 点
8	PR[4]	喷漆循环位置变量
9	PR[5]	喷漆循环位置变量
10	PR[6]	喷漆循环位置变量
11	PR[7]	喷枪 Z 方向每次移动的距离
12	PR[8]	喷枪返回时的极限位置（避免喷枪与工件相撞）

2. 喷漆程序说明

喷漆程序说明如表 4-3 所示。

表 4-3　喷漆程序说明

序　号	程　　序	程 序 注 释
1	R[1]=1	初始化转位计数数据
2	R[2]=1	初始化喷漆循环计数数据
3	R[3]=4	设定喷漆循环计数数据

续表

序 号	程 序	程 序 注 释
4	R[4]=4	设定转位次数数据
5	LBL[1]	标签 1
6	IF R[1]>R[3] JMP LBL[4]	转位次数超过设定值跳转到标签 4
7	PR[4] = PR[1]	位置数据交换
8	PR[5] = PR[2]	位置数据交换
9	PR[6] = PR[3]	位置数据交换
10	J PR[4] 100% FINE	移动到点 1 位置
11	DO[1] = ON	打开喷枪
12	LBL[2]	标签 2
13	IF R[2]>R[4] JMP LBL[3]	喷漆循环次数超过设定值跳转到标签 3
14	C PR[5] PR[6] 50 mm/sec FINE	沿圆弧轨迹从点 1 位置经过点 2 移动到点 3 位置
16	PR[4]=PR[4]+ PR[7]	轨迹向下偏移
17	PR[5]=PR[5]+PR[7]	轨迹向下偏移
18	PR[6]=PR[6]+ PR[7]	轨迹向下偏移
19	L PR[6] 50 mm/sec FINE	沿直线向下移动
20	C PR[5]	沿圆弧轨迹从点 6 位置经过点 5 移动到点 4 位置
21	PR[4] 50 mm/sec FINE	
22	PR[4]=PR[4]+ PR[7]	轨迹向下偏移
23	PR[5]=PR[5]+PR[7]	轨迹向下偏移
24	PR[6]=PR[6]+ PR[7]	轨迹向下偏移
25	L PR[4] 50 mm/sec FINE	沿直线向下移动
26	R[2]=R[2]+1	喷漆循环次数加 1
27	JMP LBL[2]	跳转到标签 2
28	LBL[3]	标签 3
29	DO[1]=OFF	关闭喷枪
30	L PR[8] 50 mm/sec FINE	喷枪离开工件
31	DO[2]=ON	通知工作台转位
32	R[2]=1	喷漆循环次数复位
33	WAIT DI[1]=ON	等待工作台转位
34	R[1]=R[1]+1	转位次数加 1
35	JMP LBL[1]	跳转到标签 1
36	LBL[4]	标签 4
37	END	程序结束

4.2.7 喷漆示教编程

1. 寄存器指令 R 输入编程

首先在示教界面下选择"新建程序"按钮，输入程序名"penqi"，单击"确认"按钮，如图 4-11 和图 4-12 所示。

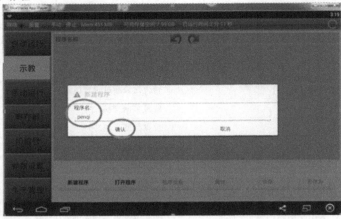

图 4-11　建立喷漆程序（1）

图 4-12　建立喷漆程序（2）

寄存器指令 R 的程序输入步骤如图 4-13～图 4-19 所示。

图 4-13　寄存器指令 R 输入界面（1）

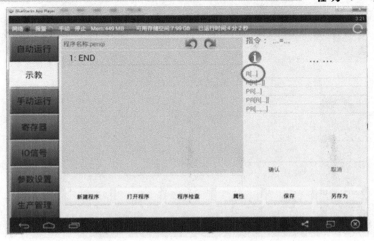

图 4-14　寄存器指令 R 输入界面（2）

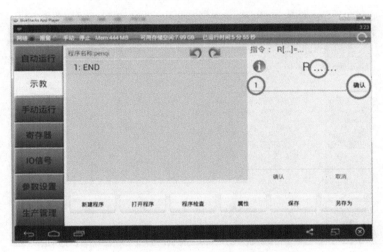

图 4-15　寄存器指令 R 输入界面（3）

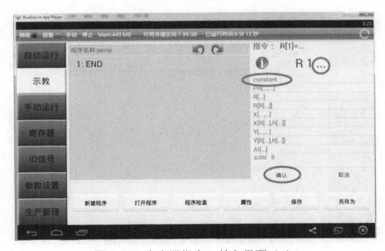

图 4-16　寄存器指令 R 输入界面（4）

图 4-17　寄存器指令 R 输入界面（5）

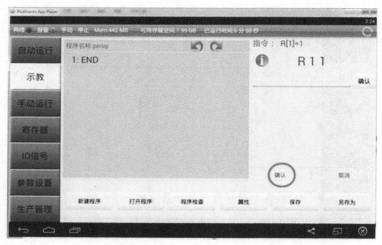

图 4-18　寄存器指令 R 输入界面（6）

图 4-19　寄存器指令 R 输入界面（7）

通过复制、粘贴、编辑本行的功能完成其他寄存器指令 R[2]=1、R[3]=4、R[4]=4 的输入，结果如图 4-20 所示。

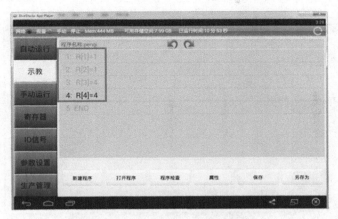

图 4-20　寄存器指令 R 输入界面（8）

例如，指令语句"PR[4]=PR[4]+PR[5]"的输入，只需将光标移至"PR[4]=PR[4]"语句后的空白处并单击，弹出如图 4-21 所示界面，然后输入 PR[5]即可，如图 4-22 所示。

图 4-21　寄存器 R 指令输入界面（9）

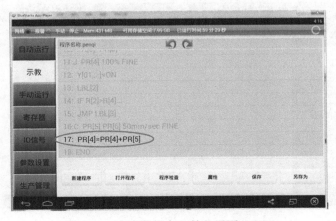

图 4-22　寄存器指令 R 输入界面（10）

2. 标签指令 LBL

标签指令 LBL 的程序输入步骤如图 4-23～图 4-28 所示。

图 4-23　标签指令 LBL 输入界面（1）

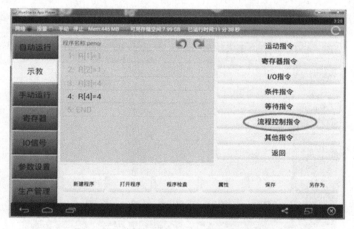

图 4-24　标签指令 LBL 输入界面（2）

图 4-25　标签指令 LBL 输入界面（3）

图 4-26　标签指令 LBL 输入界面（4）

图 4-27　标签指令 LBL 输入界面（5）

图 4-28　标签指令 LBL 输入界面（6）

3. 寄存器条件比较指令 IF R[i]

寄存器条件比较指令 IF R[i]的程序输入步骤如图4-29～图4-39所示。

图4-29　寄存器条件比较指令 IF R[i]输入界面（1）

图4-30　寄存器条件比较指令 IF R[i]输入界面（2）

图4-31　寄存器条件比较指令 IF R[i]输入界面（3）

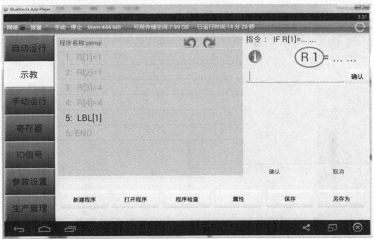

图 4-32　寄存器条件比较指令 IF R[i]输入界面（4）

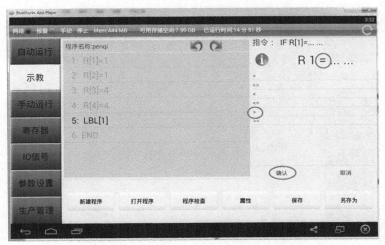

图 4-33　寄存器条件比较指令 IF R[i]输入界面（5）

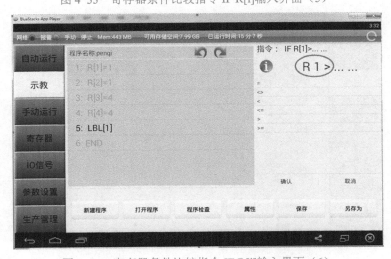

图 4-34　寄存器条件比较指令 IF R[i]输入界面（6）

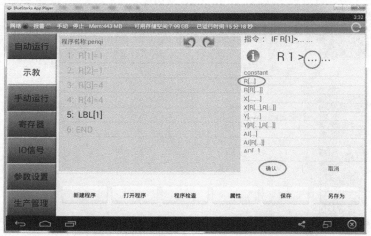

图 4-35　寄存器条件比较指令 IF R[i]输入界面（7）

图 4-36　寄存器条件比较指令 IF R[i]输入界面（8）

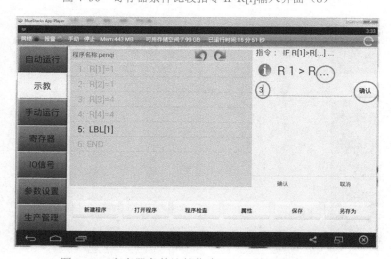

图 4-37　寄存器条件比较指令 IF R[i]输入界面（9）

图 4-38　寄存器条件比较指令 IF R[i]输入界面（10）

图 4-39　寄存器条件比较指令 IF R[i]输入界面（11）

4. 无条件跳转指令 JMP

无条件跳转指令 JMP 的程序输入步骤如图 4-40～图 4-45 所示。

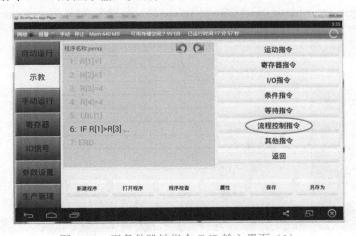

图 4-40　无条件跳转指令 JMP 输入界面（1）

图 4-41　无条件跳转指令 JMP 输入界面（2）

图 4-42　无条件跳转指令 JMP 输入界面（3）

图 4-43　无条件跳转指令 JMP 输入界面（4）

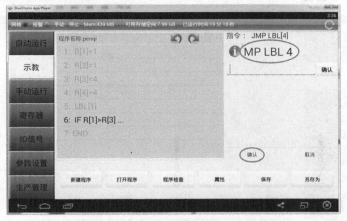

图 4-44　无条件跳转指令 JMP 输入界面（5）

图 4-45　无条件跳转指令 JMP 输入界面（6）

5. 寄存器指令 PR

寄存器指令 PR 的程序输入步骤如图 4-46～图 4-53 所示。

图 4-46　寄存器指令 PR 输入界面（1）

图 4-47 寄存器指令 PR 输入界面（2）

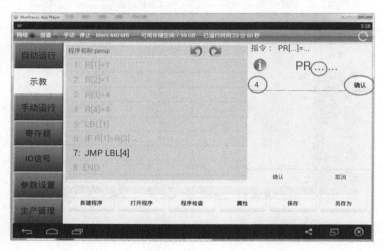

图 4-48 寄存器指令 PR 输入界面（3）

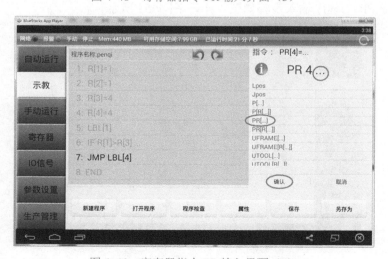

图 4-49 寄存器指令 PR 输入界面（4）

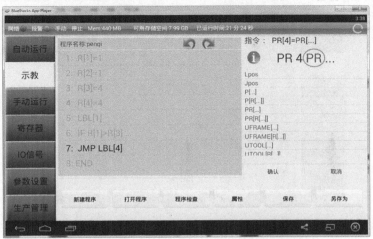

图 4-50 寄存器指令 PR 输入界面（5）

图 4-51 寄存器指令 PR 输入界面（6）

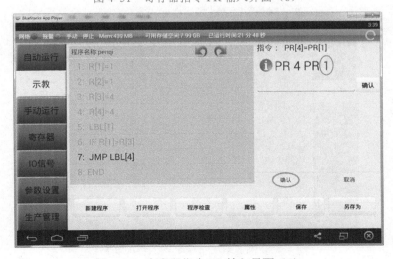

图 4-52 寄存器指令 PR 输入界面（7）

图 4-53　寄存器指令 PR 输入界面（8）

图 4-53 中，"PR[5]=PR[2]" 及 "PR[6]=PR[3]" 语句的输入同 "PR[4]=PR[1]"。

6. 圆弧运动指令 C

圆弧运动指令 C 的程序输入步骤如图 4-54～图 4-67 所示。

图 4-54　圆弧运动指令 C 输入界面（1）

图 4-55　圆弧运动指令 C 输入界面（2）

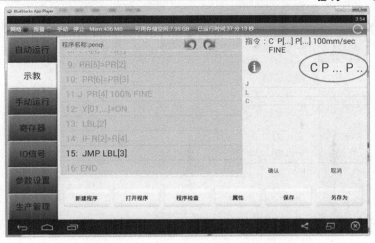

图 4-56 圆弧运动指令 C 输入界面（3）

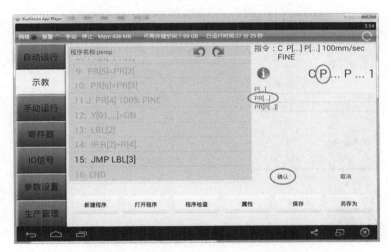

图 4-57 圆弧运动指令 C 输入界面（4）

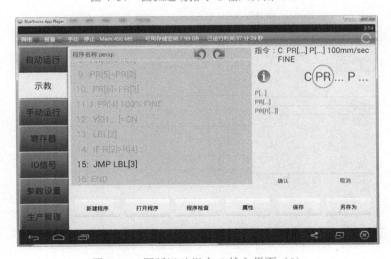

图 4-58 圆弧运动指令 C 输入界面（5）

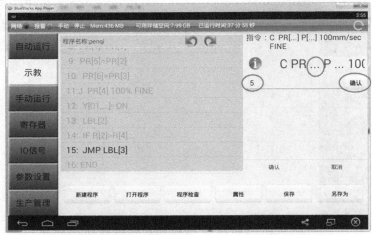

图 4-59　圆弧运动指令 C 输入界面（6）

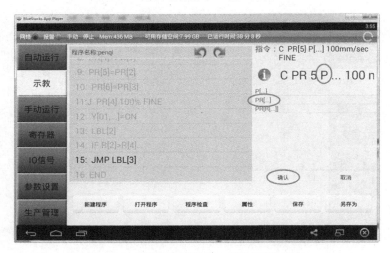

图 4-60　圆弧运动指令 C 输入界面（7）

图 4-61　圆弧运动指令 C 输入界面（8）

图 4-62　圆弧运动指令 C 输入界面（9）

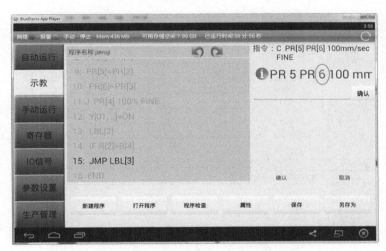

图 4-63　圆弧运动指令 C 输入界面（10）

图 4-64　圆弧运动指令 C 输入界面（11）

图 4-65　圆弧运动指令 C 输入界面（12）

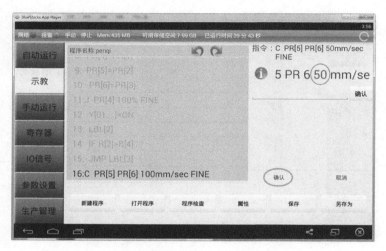

图 4-66　圆弧运动指令 C 输入界面（13）

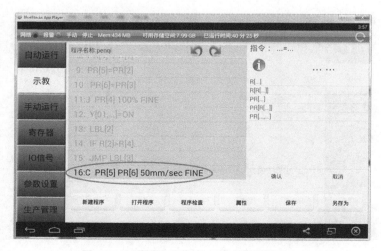

图 4-67　圆弧运动指令 C 输入界面（14）

7．示教取点

1）示教点 1

位置寄存器 PR 作为全局变量，用于存放位置信息。 机器人控制系统支持 100 个位置寄存器，寄存器号从 0 开始编号。支持对指定位置寄存器的坐标类型、组和坐标值进行设置修改，如图 4-68 和图 4-69 所示。

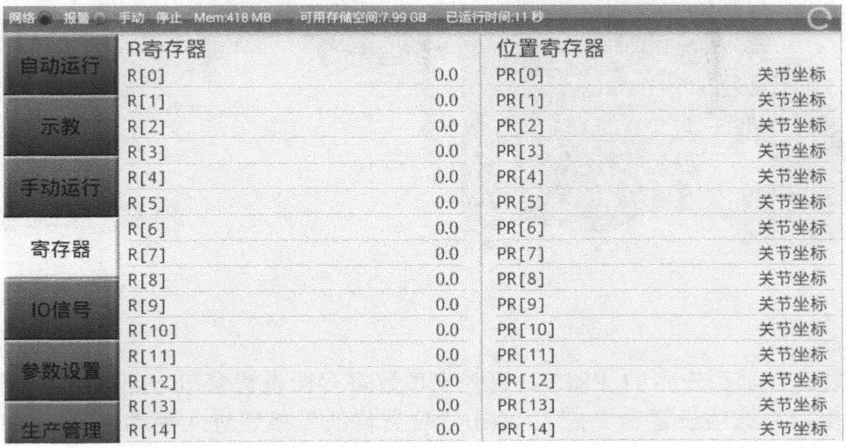

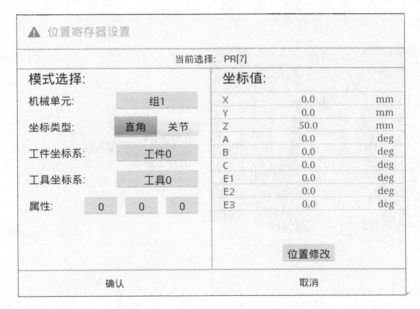

图 4-68　寄存器界面

图 4-69　位置寄存器设置

单击位置寄存器列表中的"PR[1]"，可弹出位置寄存器设置界面，选择"直角"坐标系，将"工具"坐标系选项设置为 1，单击"位置修改"按钮进入手动运行界面进行位置修改。将机器人坐标系切换至"工具坐标"，在工具坐标系下手动将机器人喷枪移动到点 1 位置，如图 4-70 所示。单击"记录位置"按钮，返回即可显示修改后的各个轴的坐标值。在

确认修改后会自动刷新该位置寄存器列表。

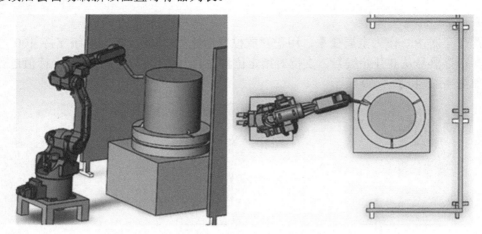

图 4-70　示教点 1 示意图

2）示教点 2

单击位置寄存器列表中的 PR[2]，可弹出位置寄存器设置窗口，选择"直角"坐标类型，将"工具"坐标系选项设置为"1"，单击"位置修改"按钮进入手动运行界面进行位置修改。将机器人坐标系切换至"工具坐标"，在工具坐标系下手动将机器人喷枪移动到点 2 位置，如图 4-71 所示。单击"记录位置"按钮，即可返回并显示修改后的各个轴的坐标值。在确认修改后会自动刷新该位置寄存器列表。

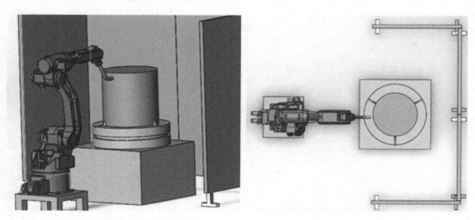

图 4-71　示教点 2 示意图

3）示教点 3

单击位置寄存器列表中的 PR[3]，可弹出位置寄存器设置窗口，选择"直角"坐标类型，将"工具"坐标系选项设置为"1"，单击"位置修改"按钮进入手动运行界面进行位置修改。将机器人坐标系切换至"工具坐标"，在工具坐标系下手动将机器人喷枪移动到点 3 位置，如图 4-72 所示。单击"记录位置"按钮，即可返回并显示修改后的各个轴的坐标值。在确认修改后会自动刷新该位置寄存器列表。

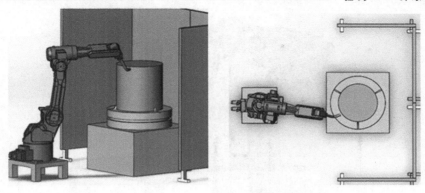

图 4-72 　示教点 3 示意图

4）示教喷枪 Z 方向每次移动距离

单击位置寄存器列表中的 PR[7]，可弹出位置寄存器设置窗口，如图 4-73 所示，选择"直角"选项，单击坐标轴修改坐标值，将坐标 X、Y、A、B、C 的值修改为 0，将 Z 轴坐标值修改为喷枪 Z 方向每次移动距离。在确认修改后会自动刷新该位置寄存器列表。

⚠ 位置寄存器设置

当前选择：PR[7]

模式选择：		坐标值：		
机械单元：	组1	X	0.0	mm
坐标类型：	直角　关节	Y	0.0	mm
工件坐标系：	工件0	Z	0.0	mm
工具坐标系：	工具0	A	0.0	deg
属性：	0　0　0	B	0.0	deg
		C	0.0	deg
		E1	0.0	deg
		E2	0.0	deg
		E3	0.0	deg

位置修改

确认　　　　　　　　　　　　　　　取消

图 4-73 　寄存器设置

8. 程序检查

在首次运行新编写的程序之前，应先执行程序检查，以保证程序的正常运行。单击"程序检查"按钮，若程序有语法错误，则根据提示报警号、出错程序及错误行号进行具体修改。程序报警定义请参照本书后面的附录 A，错误提示信息中括号内的数据即为报警号。若程序没有错误，则提示程序检查完成。

运行测试之前可以在工业机器人末端安装一支笔，在桌子上放置一个圆桶。根据所画图形判断机器人运行轨迹的正确性，如图 4-74 所示。加载已编好的程序，若想先试运行单个运行轨迹，可选择"指定行"按钮，输入试运行的指令所在的行号，系统自动跳转到该

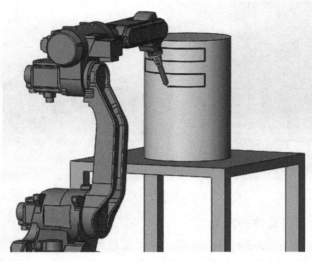

图 4-74　程序运行测试

指令。单击修调值修改按钮"+"和"-"将程序运行时的速度倍率修调值减小。选择单步运行模式并启动，试运行该指令，机器人会根据程序指令进行相关的动作。根据机器人实际运行轨迹和工作环境需要可适当添加中间点。

对本任务的考核与评价参照表 4-4。

表 4-4　考核与评价

基本素养（30 分）				
序号	评估内容	自评	互评	师评
1	纪律（无迟到、早退、旷课）（10 分）			
2	安全规范操作（10 分）			
3	参与度、团队协作能力、沟通交流能力（10 分）			
理论知识（20 分）				
序号	评估内容	自评	互评	师评
1	机器人工具坐标系和工件坐标系的建立（10 分）			
2	直线编程与条件输入/输出指令的应用（10 分）			
技能操作（50 分）				
序号	评估内容	自评	互评	师评
1	独立完成喷漆程序的编制(10 分)			
2	独立完成喷漆运动位置数据记录（10 分）			
3	程序校验（10 分）			
4	独立操作机器人运行程序实现喷漆示教（10 分）			
5	程序运行示教（10 分）			
综合评价				

思考与练习题 4

一、填空题

1．如图 4-75 所示，由 P[1]点开始沿着过 P[2]点的圆弧以 2 000 mm/sec 的速度运动至 P[3]点的程序为_____。

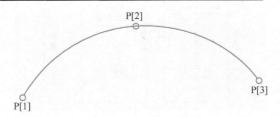

图 4-75　练习题图 1

2．标签指令 LBL 用于_____。

3．无条件跳转指令格式是_____，它的作用是指在同一个程序中，_____，即将程序控制转移到指定的标签。

4．寄存器指令 R 是在寄存器上完成算术运算。寄存器是一个存储数据的_____，本机器人控制系统提供_____个 R 寄存器。

5．寄存器指令 R[i]=(value)的作用是把数值(value)_____给指定的 R 寄存器。

6．寄存器指令格式为 R[i]=(value)(operator)(value)，其中 value——可以取_____、寄存器(R)、位置寄存器中的某个轴(PR[i,j])、_____、模拟量输入/输出(AI[i]，AO[i])，Operator 是指把两个数值进行_____、MOD、DIV 操作。

7．位置寄存器是一个存储_____，本系统提供_____个位置寄存器。

二、简答题

1．简述指令语句"IF R[1] = R[2], JMP LBL[1]"的作用。

2．位置寄存器 PR 与 P 有什么不同？

3．简述喷漆循环的流程。

4．简述工具坐标系六点法标定。

三、操作题

1．在工业机器人末端安装一直杆，以桌子一角为原点，桌边为 X、Y 方向，建立工件坐标系。

2．在桌子上放一个杯子，编写程序控制工业机器人从桌子一角绕过杯子移动到另一角。

3．编写程序控制工业机器人在两点之间往复移动，循环 10 次后返回参考点。

拓展与提高 4——工业机器人示教与再现

示教–再现（Teaching-Playback，T/P）方式的工业机器人控制思想如图 4-76 所示。

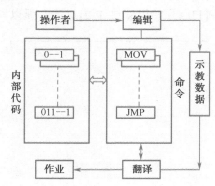

图 4-76　T/P 方式的工业机器人控制思想

机器人示教时，操作者通过示教器编写运动指令，即用户工作程序，然后由计算机按照这些命令查找相应的功能代码并存放到某个指定的示教数据区，这个过程称为示教编程（包括轨迹数据、作业条件、顺序等）。

再现时，机器人的计算机控制系统自动逐条取出示教命令与其他有关数据，进行解读、计算。做出判断后，将相应信号送到相应的关节伺服系统或端口，使机器人再现示教过的动作，这个过程称为"自动翻译"。

因此，T/P 方式的工业机器人的计算机软件控制系统是以"示教编程"与"自动翻译"为核心的。

下面以一个简单、直观的原理性实例，对 T/P 方式的工业机器人的示教、编程与再现的概念进行更加深入的阐述。

假设要求一台 6 自由度工业机器人的末端手爪按如图 4-77 所示的空间轨迹进行移动。要求 P0～P1、P3～P4 为直线；P1、P2、P3 为圆弧；速度为 12 mm/sec。下面具体介绍按照该要求机器人进行位置数据、作业顺序与条件及有关参数的示教过程与内部数据结构。

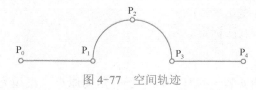

图 4-77　空间轨迹

用户通过示教器，根据坐标系、速度、轴键的选择，经 CPU 计算，按用户指定的坐标系、速度与轴键（与机器人关节驱动电动机一一对应）让机器人运动到 P0 点、P1 点、…、P4 点停下，并分别给 CPU 一个位置数据写入命令，计算机控制系统将采样得到的机器人各个关节电动机给出的当前位置脉冲数分别并依次存放到如图 4-78 所示的 RAM 数据区（示教数据区存放的可以是脉冲数，也可以是经过变换后的角度或笛卡儿系的坐标值）。接下来用户可以继续通过示教器对作业条件进行示教编程。

根据作业要求，可以使用操作盘将各种作业命令通过修改 RAM 区地址，嵌入示教数据区。P 点位置数据下面的 MOVL 命令表示从 P0 到 P1 点按直线运动；spend 12 表示以 12 mm/sec 的速度运动；P1、P2、P3 点下的 MOCC 表示这 3 个点之间的轨迹是圆弧，而 P3 点是圆弧与直线的拐点；P4 点是终点，速度为 0。

表 4-5 给出的示教数据区的例子仅是一种原理性结构。在实际应用中，机器人计算机软件系统多采用模块化结构，可使示教编程工作灵活多变，且占用内存最小。用户程序可分为"位置数据文件"、"命令文件"、"系统参数文件"等。

图 4-78　RAM 数据区

表 4-5　示教数据区

P0 点各关节位置数据
MOV L
speed　12
P1 点各关节位置数据
MOV C
P2 点各关节位置数据
MOV C
P3 点各关节位置数据
MOV C
MOV L
P4 点各关节位置数据
speed　0
END

当机器人进入再现状态时，示教过的用户程序就决定了机器人的运动方式与作业顺序。它的内部工作过程是，计算机从运动参数文件取出有关动作性质（直线、圆弧、关节）与动作速度。从位置数据文件中取出目标点的坐标值，按事先决定的加减速模式和有关系统参数，进行各个插补点的参数计算，各个插补点的动作数据经机器人关节运动控制程序，同时传递到 6 个关节电动机的位置环输入端，使机器人实现按规定轨迹的平稳运动，直至达到最终目标点。同时，在运动过程中，计算机控制系统不断对其他有关命令进行解读，并执行个命令。

如上所述，从应用的角度看，机器人的计算机控制系统软件可由"系统程序"与"用户程序"两大部分组成。其中，系统程序是驱动机器人 CPU 动作的程序；用户程序（也称为用户工作文件）是让机器人完成作业的组合程序。

数控车床上下料编程与操作

上下料机器人在金属加工等领域均有广泛的应用。采用机器人搬运可大幅提高生产效率、节省劳动力成本、提高定位精度并降低搬运过程中的产品损坏率。

任务目标

（1）掌握工业机器人上下料运动的特点及程序编写方法；
（2）能使用工业机器人的基本指令正确编写上下料控制程序。

知识目标

（1）掌握工具坐标系和工件坐标系设定方法；
（2）掌握工业机器人位置数据形式、意义及记录方法。

能力目标

（1）能够完成上下料的示教；
（2）能够建立合适的工具坐标系和工件坐标系；
（3）能够编写工业机器人上下料运动程序。

任务描述

本任务利用 HSR-JR 608 工业机器人在工作台上拾取工件，将其搬运至数控车床上，同时将已经加工完的工件取下放置到传送带上，以便下一工位进行处理。

5.1　数控车床及工业机器人上下料协调工作

在数控车床和工业机器人组成的加工单元里，数控车床和机器人分别在各自的控制系统下工作，因此它们之间的协调工作就成了一个重要问题。要保证机器人在数控车床加工时准确无误及时地上下料，需考虑以下几个方面。

（1）分析数控车床加工的车削工艺流程。

（2）实现数控车床与机器人的通信。

（3）设计合适的机器人末端工具（手抓）。

（4）规划机器人上下料的运动轨迹，设计流程图及编写运动程序。

5.1.1　数控车削加工工艺

数控车削加工工艺以普通车削加工工艺为基础，结合数控车床的特点，综合运用多方面的知识解决数控车削加工过程中面临的工艺问题，主要内容有：分析零件图纸，确定工序和工件在数控车床上的装夹方式，确定各表面的加工顺序和刀具的进给路线，以及刀具、夹具和切削用量的选择等。

1.　数控车削加工工艺分析

工艺分析是数控车削加工的前期工艺准备工作。编写加工程序前，应遵循一般的工艺原则并结合数控车床的特点，认真而详细地考虑零件图的工艺分析，确定工件在数控车床上的装夹方式，刀具、夹具和切削用量的选择等。制定车削加工工艺之前，必须对被加工零件的图样进行分析，它主要包括结构工艺性分析、尺寸公差要求、形状和位置公差要求、表面粗糙度要求、材料要求、加工数量等。

2.　车削加工工件装夹

数控车床有多种实用的夹具，下面主要介绍常见的车床夹具。

1）三爪自定心卡盘

三爪自定心卡盘是最常用的车床用卡盘，其 3 个爪是同步运动的，能自动定心（定心误差在 0.05 mm 以内），夹持范围大，一般不需要找正，装夹效率比四爪卡盘高，但夹紧力没有四爪卡盘大，所以适用于装夹外形规则、长度不太长的中小型零件。

2）四爪单动卡盘

四爪单动卡盘的 4 个卡爪是各自独立运动的，因此工件装夹时必须调整工件夹持部位在主轴上的位置，使工件加工面的回转中心与车床主轴的回转中心重合。四爪单动卡盘找正比较费时，只能用于单件小批量生产。四爪单动卡盘的优点是夹紧力大，但装夹不如三爪自定心卡盘方便，所以适用于装夹大型或不规则的工件。

3）双顶尖

对于长度较长或必须经过多次装夹才能加工的工件，如细长轴、长丝杠等的车削，工序较多，为保证每次装夹时的装夹精度（如同轴度要求），可以用双顶尖装夹。

3. 数控车床切削用量的选择

数控编程时，编程人员必须确定每道工序的切削用量，并以指令的形式写入程序中，所以编程前必须确定合适的切削用量。

1）背吃刀量的确定

在工艺系统刚性和数控车床功率允许的条件下，尽可能选取较大的背吃刀量，以减少进给次数，当零件的精度要求较高时，应考虑适当留出精车余量，其所留精车余量一般为0.1～0.5 mm。

2）主轴转速的确定

（1）光车时的主轴转速应根据零件上被加工部位的直径，并按零件、刀具的材料与加工性质等条件所允许的切削速度来确定。切削速度除了计算和查表选取外，还可根据实践经验确定。需要注意的是，交流变频调速数控车床低速输出力矩小，因而切削速度不能太低。切削速度确定之后，就用公式计算主轴转速。

（2）车螺纹时的主轴转速将受到螺纹螺距（或导程）的大小、驱动电动机的升降频率特性、螺纹插补运算速度等多种因素的影响，故对于不同的数控系统，推荐不同的主轴转速选择范围。

3）进给量（或进给速度）的确定

进给量是指刀具在进给运动方向上相对工件的位移量。车外圆时。进给量是指工件每转一转，刀具切削刃相对于工件在进给方向上的位移量，单位是 mm/r。

4. 数控车削刀具的选择

选择数控车削刀具通常要考虑数控车床的加工能力、工序内容及工件材料等因素。与普通车削相比，数控车削对刀具的要求更高，不仅要求精度高、刚度好、耐用度高，而且要求尺寸稳定、安装调整方便。

5. 车削加工顺序的确定

在分析了零件图样和确定了工序、装夹方式后，接下来要确定零件的加工顺序。制定零件车削加工顺序一般遵循下列原则。

（1）先粗后精。按照粗车→半精车→精车的顺序，逐步提高加工精度。粗车将在较短的时间内将工件表面上的大部分加工余量切掉，一方面提高金属切除率，另一方面满足精车的余量均匀性要求。若粗车后所留余量的均匀性满足不了精加工的要求，则要安排半精加工，为精车做准备。精车要保证加工精度，按图样尺寸，一刀车出零件轮廓。

（2）先近后远。这里所说的远和近是按加工部位相对于对刀点的距离而言的。在一般情况下，离对刀点远的部位后加工，以便缩短刀具移动距离，减少空行程时间。而且对于车削而言，先近后远还有利于保持坯件或半成品的刚性，改善其切削条件。

（3）内外交叉。对既有内表面（内型、腔），又有外表面需加工的零件，安排加工顺序时应先进行内外表面粗加工，后进行内外表面精加工。切不可将零件上一部分表面（外表面或内表面）加工完毕后，再加工其他表面（内表面或外表面）。

6. 进给路线的确定

刀具刀位点相对于工件的运动轨迹和方向称为进给路线，即刀具从对刀点开始运动直至加工结束所经过的路径，包括切削加工的路径及刀具切入、切出等切削空行程。在数控车削加工中，因精加工的进给路线基本上都是沿零件轮廓的顺序进行的，因此确定进给路线的工作重点主要在于确定粗加工及空行程的进给路线。加工路线的确定必须在保证被加工零件的尺寸精度和表面质量的前提下，按最短进给路线的原则确定，以减少加工过程的执行时间，提高工作效率。在此基础上，还应考虑数值计算的简便，以方便程序的编写。

零件加工的进给路线，应综合考虑数控系统的功能、数控车床的加工特点及零件的特点等多方面因素，灵活使用各种进给方法，从而提高生产效率。

5.1.2　工业机器人的通信

在实际应用中，工业机器人必须联络其他各种设备、装置的有关信息，通过程序的处理与协调，才能实现自动运转。因此，工业机器人除具有基本的示教再现的功能之外，与外界的联系就成为关键问题。工业机器人控制系统与外界联系有如下四类。

（1）与生产系统对应。在生产系统中，工业机器人是下位设备，由上位控制装置发出各种指令，工业机器人则向上位控制装置反馈各种信息。上位控制装置多为可编程控制器，也有用计算机或工程师工作站经通信网络与工业机器人联系。

（2）与作业用途对应。当工业机器人用于不同工艺作业时，其作业设备也不同，如焊接作业要用焊机。工业机器人要能与不同用途的作业设备联系，发出开关量或模拟量的指令，收取反馈信息，保证可靠的作业。

（3）与周边设备对应。对于工装卡具、变位机、移送装置等周边设备或数控车床、加工中心等加工设备，都必须进行信息交换，用以协调互锁，确保加工作业的正常顺序，使工业机器人及各设备安全地运转。

（4）与传感器或其他装置对应。某些传感器的信息必须直接送至工业机器人的控制系统。例如，用于修正轨迹的传感器或装置，只有直接联系才能取得好的效果。

工业机器人控制系统与外界联系的端口有的是基本配置，有的是选项。在制定应用工程的总体方案时不仅要考虑各设备的配置布局，而且也要考虑各设备的相互联系方式，这样才能对各设备（包括工业机器人）提出选定要求。

了解工业机器人控制系统的对外联系端口及其使用方法，有助于合理地构筑工业机器人应用工程。为了完成给定的作业，必须处理好工业机器人控制系统与工件和周边设备的关系，必须安排好操作运行的手段和方法，必须实现与其他相关控制装置的联络通信。

5.2　数控车床上下料编程实例

该数控加工单元主要由一台数控车削中心、工业机器人、一套工作台、两套气动卡具、一条传送带组成，主要结构如图 5-1 所示。利用 HSR-JR 608 工业机器人在工作台上拾取工件，将其搬运至数控车床上，同时将已经加工完的工件取下放置到传送带上，以便于下一工位进行处理。大家需要在此进行程序编写、程序数据创建、目标点示教、程序调试

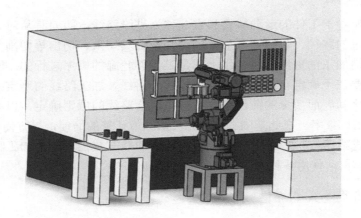

图 5-1　由机器人完成上下料的数控加工设备

等工作，最终完成整个上下料工作。

5.2.1　子程序调用和增量指令

1. 子程序调用指令

指令格式：CALL (program)

指令注释：子程序调用指令将程序控制转移到另一个程序（子程序）的第一行，并执行子程序。当子程序执行到程序结束指令（END）时，控制会迅速返回到调用程序（主程序）中的子程序调用指令的下一条指令，继续向后执行。

指令说明如下。

（1）CALL——子程序调用指令。

（2）program——被调用的子程序名。

2. 指令格式：INC

指令格式：INC

指令注释：增量指令将运动指令中的位置数据用作当前位置的增量，即增量指令中的位置数据为机器人移动的增量。

指令说明如下。

INC——增量指令。

示例：

```
L P[1] 500mm/sec FINE INC
```

注释：

（1）当位置数据为关节坐标值时，提供了每个轴的增量数据。

（2）当位置变量（P[i]）作为位置数据时，用户坐标系的基准通过用户坐标系的序号指定，而用户坐标系的序号是在位置数据中指定的。

（3）当位置寄存器作为位置数据时，基准坐标系即为当前用户坐标系。

5.2.2　上下料运动规划

1. 任务规划

机器人上下料的运动可分解成为"与数控车床交换信息"、"抓取工件"、"与数控车床交换工件"、"放置工件"等一系列子任务，如图 5-2 所示。

图 5-2　数控车床上下料工作任务流程图

2. 动作规划

机器人上下料的运动可以进一步分解为"等待上位机控制信号"、"把卡具移到工件上方"、"打开卡具"、"抓取工件"、"移动工件到数控车床"、"交换工件"等一系列动作。通过主程序调用相应的程序实现整个运动过程的控制，运动循环流程图如图 5-3 所示。

3. 路径规划

抓取工件时示教第一点，其余点可以对第一点进行位置偏移，从而获得其余点的位置数据，这样可以减少示教点数，简化示教过程。上下料路径规划如图 5-4 所示。

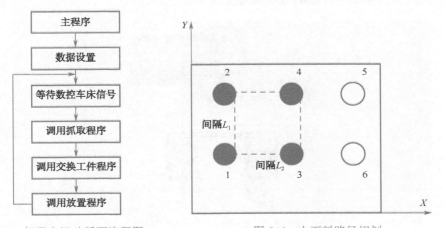

图 5-3　机器人运动循环流程图　　　　图 5-4　上下料路径规划

5.2.3　上下料示教前的准备

1. I/O 配置

本任务中使用两个气动三爪卡盘来抓取工件，气动三爪卡盘的打开与关闭需通过 I/O 信号控制。数控车床与机器人也需要通过外部 I/O 信号通信。I/O 配置说明如表 5-1 所示。

表 5-1 I/O 配置说明

序号	输入输出信号	状态	符 号 说 明	控 制 指 令
1	DI[1]	NC	等待数控车床控制信号	WAIT DI[1]=ON
2	DI[2]	NC	等待上料卡盘夹紧工件	WAIT DI[2]=ON
3	DI[3]	NC	等待下料卡盘夹紧工件	WAIT DI[3]=ON
4	DI[4]	NC	等待数控车床松开工件	WAIT DI[4]=ON
5	DI[5]	NC	等待数控车床夹紧工件	WAIT DI[5]=ON
6	DI[6]	NC	等待下料卡盘松开工件	WAIT DI[6]=ON
7	DO[1]	NC	打开上料卡盘准备抓取工件	DO[1]=ON
8	DO[2]	NC	关闭上料卡盘抓取工件	DO[2]=ON
9	DO[3]	NC	打开下料卡盘抓取已加工完的工件	DO[3]=NO
10	DO[4]	NC	关闭下料卡盘夹紧已经加工完的工件	DO[4]=NO
11	DO[5]	NC	通知数控车床松开工件	DO[5]=ON
12	DO[6]	NC	通知数控车床夹紧工件	DO[6]=NO
13	DO[7]	NC	通知数控车床上下料完成	DO[7]=NO

2. 设定工具坐标系

本任务使用抓取工具为两个气动三爪卡盘，它们的 TCP 点设定在卡爪的中心线上，相对于默认工具 0 的坐标方向没变，只是 TCP 点相对于工具 0 的 Y 方向和 Z 正方向发生了偏移，所以可采用修改轴的坐标值的方法设定坐标系。

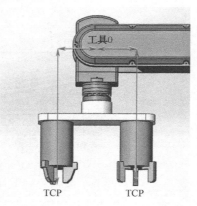

图 5-5 工具坐标系设定示意图

在手动运行界面下选择"工具坐标系设定"按钮，打开如图 5-6 所示的对话框，选中需要标定的工具号（工具 0 不能被标定），如工具 3，右侧将显示工具 3 坐标系的坐标值。单击 Z 轴对应的坐标值，在图 5-7 中即可进行坐标值的修改，输入偏移值，单击"确认"按钮完成坐标系设定。

3. 设定工件坐标系

数控车床上下料过程需要建立摆放工件的工作台工件坐标系。在手动运行界面下单击

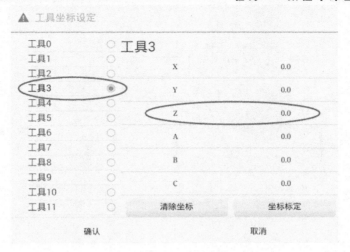

图 5-6　工具坐标设定

图 5-7　设置坐标值

"工件坐标系设定"按钮，打开如图 5-8 所示的对话框，左边部分显示所有工件号，右边显示当前选中工件号的坐标值。当工件号变化时，坐标值也随之变化。

图 5-8　工件坐标设定（1）

　　在该对话框中选择一个工件号，如工件 1，右侧将显示选中工件的坐标值，如图 5-9 所示。单击一个轴的坐标值，如 X 轴，即可弹出如图 5-10 所示的对话框，修改选中的坐标轴对应的坐标值。单击"清除坐标"按钮，可将当前选中的坐标系的各个坐标值清零。

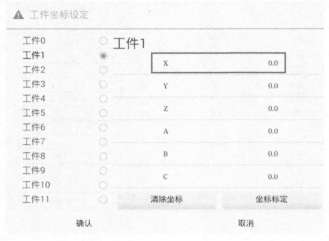

图 5-9　工件坐标设定（2）

图 5-10　工件坐标设定（3）

采用三点法标定工件坐标系时，将第一个标定点定为工件坐标系绝对原点，将工具TCP点（即工具坐标中心点）沿工件坐标系+X方向移动一定距离作为 X 方向延伸点，再从工件坐标系 XOY 平面第一或第二象限内选取任意点作为 Y 方向延伸点，由这 3 个点计算出工件坐标系，如图 5-11 所示。

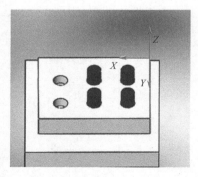

图 5-11　工件坐标系

5.2.4　数控车床上下料示教编程

本项目要实现机器人从工作台上拾取工件，将其搬运至数控车床上，同时将已经加工完的工件取下放置到传送带上的动作。根据上下料运动规划将程序分为主程序、抓取程序、上下料程序、放置程序等几个程序块，通过主程序调用子程序完成上下料工作。其中，抓取程序完成抓取位置的判断和计算，并完成抓取动作。上下料程序控制机器人将工件搬运至数控车床上及将已经加工完的工件取下的动作。放置程序控制机器人将工件放到传送带上的动作。变量说明如表5-2所示。

表5-2 变量说明

序号	变量	说明
1	PR[1][X方向间隔, 0, 0, 0, 0, 0]	工件X方向摆放的间隔
2	PR[2][0, Y方向间隔, 0, 0, 0, 0]	工件Y方向摆放的间隔
3	PR[3]	抓取工件时的示教安全位置
4	PR[4]	放置工件时的安全位置
5	PR[5]	初始位置
6	PR[6]	程序中的抓取安全位置
7	PR[7]	抓取工件时相对安全位置的偏移量
8	PR[8]	放置工件时相对安全位置的偏移量
9	R[1]	位置数
10	R[2]	判断三爪卡盘上是否有工件标志

程序如表5-3～表5-6所示。

表5-3 主程序

序号	程序内容	程序说明
1	MAIN	主程序
2	R[1]=1	位置计数
3	R[2]=0	判断三爪卡盘上是否有工件
4	LBL[1]	标签1
5	WAIT DI[1]=ON	等待数控车床控制信号
6	Call zhuaqu	调用抓取子程序
7	Call shangxialiao	调用上下料子程序
8	Call fangzhi	调用放置子程序
9	JMP LBL[1]	跳转到标签1
10	END	程序结束

表5-4 抓取子程序

序号	程序内容	程序说明
1	zhuaqu	抓取子程序
2	IF R[2]=1 JMP LBL[6]	如果三爪卡盘上有工件，则报警
3	IF R[1]=1 JMP LBL[1]	如果位置数为1，则跳转到标签1
4	IF R[1]=2 JMP LBL[2]	如果位置数为2，则跳转到标签2
5	IF R[1]=3 JMP LBL[3]	如果位置数为3，则跳转到标签3
6	IF R[1]=4 JMP LBL[4]	如果位置数为4，则跳转到标签4

序号	程 序 内 容	程 序 说 明
7	IF R[1]<1 OR R[1]>4 JMP LBL[6]	如果位置数小于1或大于4，则报警
8	LBL[1]	标签1
9	PR[6]= PR[3]	将位置1数据复制到抓取位置寄存器
10	JMP LBL[5]	跳转到标签5
11	LBL[2]	标签2
12	PR[6]= PR[3]+ PR[2]	将位置1数据沿Y方向偏移一个间隔距离后复制到抓取位置寄存器
13	JMP LBL[5]	跳转到标签5
14	LBL[3]	标签3
15	PR[6]= PR[3]+ PR[1]	将位置1数据沿X方向偏移一个间隔距离后复制到抓取位置寄存器
16	JMP LBL[5]	跳转到标签5
17	LBL[4]	标签4
18	PR[6]= PR[3]+ PR[1]+ PR[2]	将位置1数据沿X方向和Y方向偏移一个间隔距离后复制到抓取位置寄存器
19	LBL[5]	标签5
20	J PR[6] 100% FINE	抓取工件时的安全位置
21	DO[1]=ON	打开上料卡盘准备抓取工件
22	L PR[7] 50 mm/sec FINE INC	移动到抓取位置
23	DO[2]=ON	关闭上料卡盘抓取工件
24	WAIT DI[2]=ON	等待上料卡盘夹紧工件
25	L PR[6] 50 mm/sec FINE	抓起工件
26	R[1]=R[1]+1	位置数加1
27	R[2]=1	判断标志置为1
28	JMP LBL[7]	跳转标签7
29	LBL[6]	标签6
30	MESSAGE.ERROR	报警
31	LBL[7]	标签7
32	END	子程序结束

表5-5　上下料子程序

序号	程 序 内 容	程 序 说 明
1	shangxialiao	上下料子程序
2	J P[1] 100% FINE	移动到数控车床外
3	L P[2] 50 mm/sec FINE	移动到准备交换工件位置
4	DO[3]=NO	打开下料卡盘准备夹紧工件

续表

序号	程 序 内 容	程 序 说 明
5	L P[3] 50 mm/sec FINE	移动到夹持工件位置
6	DO[4]=NO	关闭下料卡盘夹紧已经加工完的工件
7	WAIT DI[3]=ON	等待卡盘夹紧工件
8	DO[5]=ON	通知数控车床松开工件
9	WAIT DI[4]=ON	等待数控车床松开工件
10	L P[4] 50 mm/sec FINE	将已经加工完的工件取下
11	L P[5] 50 mm/sec FINE	两个卡盘交换位置，准备将待加工的工件装入数控车床主轴
12	L P[6] 50 mm/sec FINE	装入待加工工件
13	DO[6]=NO	通知数控车床夹紧工件
14	WAIT DI[5]=0	等待数控车床反馈
15	DO[1]=NO	打开上料卡盘松开工件
16	L P[7] 50 mm/sec FINE	离开工件
17	L P[8] 50 mm/sec FINE	退出数控车床外
18	DO[7]=ON	通知数控车床上下料完成
19	END	子程序结束

表5-6 放置子程序

序号	程 序 内 容	程 序 说 明
1	fangzhi	放置子程序
2	J PR[4] 100% FINE	移动到抓取工件时的安全位置
3	L PR[8] 50 mm/sec FINE INC	使用偏移指令移动到放置位置
4	DO[3]=NO	打开卡盘放下工件
5	WAIT DI[6]=ON	等待反馈信号
6	L PR[4] 50 mm/sec FINE	移动到抓取工件时的安全位置
7	DO[4]=NO	关闭卡盘
8	R[2]=0	判断标志复位
9	J PR[5] 100% FINE	返回
10	IF R[1]<5 JMP LBL[2]	如果位置数小于5，则跳出程序
11	R[1]=1	如果位置数大于4，则位置数据复位
12	LBL[1]	标签1
13	MESSAGE. No Workpiece	提示工件取完
14	WAIT 1	等待1 sec
15	JMP LBL[1]	跳转到标签1
16	LBL[2]	标签2
17	END	子程序结束

数控车床上下料示意图如图 5-12 所示。

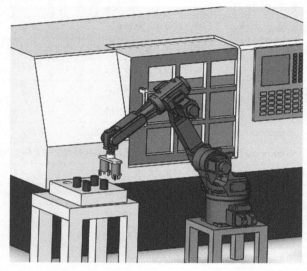

图 5-12　数控车床上下料示意图

1. 子程序调用指令 CALL 程序语句的输入

在示教界面下选择"新建程序"按钮，输入程序名"zhuchengxu"，单击"确认"按钮，如图 5-13 和图 5-14 所示。子程序调用指令 CALL 程序语句的输入步骤如图 5-15～图 5-19 所示。

图 5-13　数控车床上下料主程序建立（1）

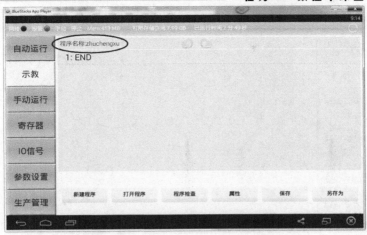

图 5-14　数控车床上下料主程序建立（2）

图 5-15　子程序调用指令（1）

图 5-16　子程序调用指令（2）

图 5-17　子程序调用指令（3）

图 5-18　子程序调用指令（4）

图 5-19　子程序调用指令（5）

2. 增量指令程序语句的输入

增量指令程序语句的输入步骤如图 5-20～图 5-23 所示。

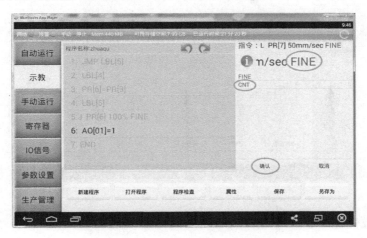

图 5-20　增量指令输入界面（1）

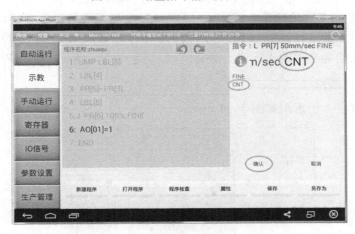

图 5-21　增量指令输入界面（2）

图 5-22　增量指令输入界面（3）

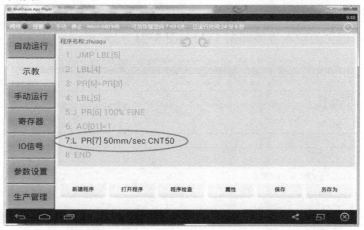

图 5-23　增量指令输入界面（4）

3. 示教抓取位置

单击位置寄存器列表中的 PR[3]，可弹出位置寄存器设置界面，选择"直角"坐标系选项，将"工件"坐标系选项设置为"1"，"工具"坐标系选项设置为"1"。单击"位置修改"按钮切换至手动运行界面，手动移动吸盘到点 1 位置，单击"记录位置"按钮，即可返回并显示修改后的各个轴的坐标值。在确认修改后会自动刷新该位置寄存器列表。

4. 示教上料位置点 1

示教上料位置点 1 示意图如图 5-24 所示。

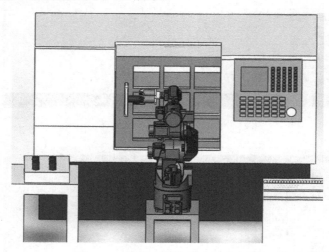

图 5-24　示教上料位置点 1 示意图

长按已建好的程序语句"J P[1] 100% FINE"，在弹出的界面中单击"修改位置"按钮，选择"关节"坐标系选项，将"工件"坐标系选项设置为"1"，"工具"坐标系选项设置为"1"，单击"位置修改"按钮进入手动运行界面进行位置修改。在弹出的对话框中将机器人坐标系切换至"基坐标"，手动将机器人移动到点 1 位置。单击"记录位置"按钮，进入"位置变量设置"对话框，此时坐标值已修改，已记录下机器人当前即第 1 点的位置。

5. 示教上料位置点2

示教上料位置点2示意图如图5-25所示。

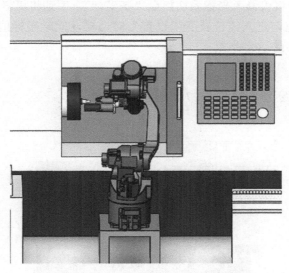

图5-25 示教上料位置点2示意图

长按已建好的程序语句"L P[2] 100% FINE",在弹出的界面中单击"修改位置"按钮,选择"直角"坐标系选项,将"工件"坐标系选项设置为"1","工具"坐标系选项设置为"1",单击"位置修改"按钮进入手动运行界面进行位置修改。在弹出的对话框中将机器人坐标系切换至"基坐标",手动将机器人移动到点2位置。单击"记录位置"按钮,进入"位置变量设置"对话框,此时坐标值已修改,已记录下机器人当前即第2点的位置。

6. 示教上料位置点3

示教上料位置点3示意图如图5-26所示。

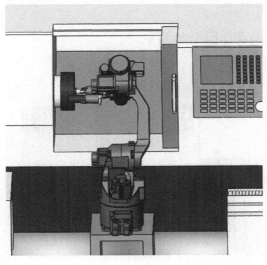

图5-26 示教上料位置点3示意图

长按已建好的程序语句"L P[3] 100% FINE",在弹出的界面中单击"修改位置"按钮,然后单击"位置修改"按钮进入手动运行界面进行位置修改,单击"关节坐标"按钮,在弹出的对话框中将机器人坐标系切换至"基坐标",手动将机器人移动到点 3 位置。单击"记录位置"按钮,进入"位置变量设置"对话框,此时坐标值已修改,已记录下机器人当前即第3点的位置。

7. 示教上料位置点4

示教上料位置点4示意图如图5-27所示。

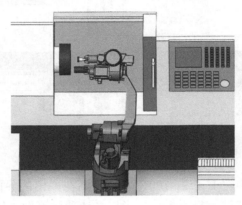

图 5-27　示教上料位置点4示意图

长按已建好的程序语句"L P[4] 100% FINE",在弹出的界面中单击"修改位置"按钮,选择"直角"坐标系选项,将"工件"坐标系选项设置为"1","工具"坐标系选项设置为"1",单击"位置修改"按钮进入手动运行界面进行位置修改。在弹出的对话框中将机器人坐标系切换至"基坐标",手动将机器人移动到点 4 位置。单击"记录位置"按钮,进入"位置变量设置"对话框,此时坐标值已修改,已记录下机器人当前即第4点的位置。

8. 示教上料位置点5

示教上料位置点5示意图如图5-28所示。

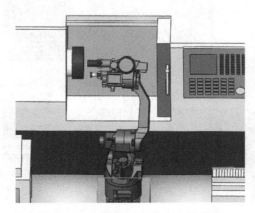

图 5-28　示教上料位置点5示意图

长按已建好的程序语句"L P[5] 100% FINE",在弹出的界面中单击"修改位置"按钮,选择"直角"坐标系选项,将"工件"坐标系选项设置为"1","工具"坐标系选项设置为"1",单击"位置修改"按钮进入手动运行界面进行位置修改。在弹出的对话框中将机器人坐标系切换至"基坐标",手动将机器人移动到点5位置。单击"记录位置"按钮,进入"位置变量设置"对话框,此时坐标值已修改,已记录下机器人当前即第5点的位置。

9. 示教上料位置点6

示教上料位置点6示意图如图5-29所示。

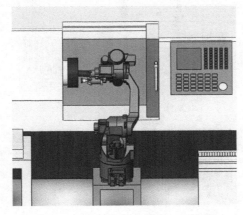

图5-29 示教上料位置点6示意图

长按已建好的程序语句"L P[6] 100% FINE",在弹出的界面中单击"修改位置"按钮,选择"直角"坐标系选项,将"工件"坐标系选项设置为"1","工具"坐标系选项设置为"1",单击"位置修改"按钮进入手动运行界面进行位置修改。在弹出的对话框中将机器人坐标系切换至"基坐标",手动将机器人移动到点6位置。单击"记录位置"按钮,进入"位置变量设置"对话框,此时坐标值已修改,已记录下机器人当前即第6点的位置。

10. 示教上料位置点7

示教上料位置点7示意图如图5-30所示。

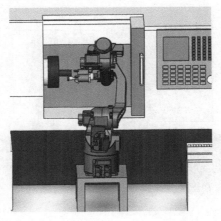

图5-30 示教上料位置点7示意图

长按已建好的程序语句"L P[7] 100% FINE"，在弹出的界面中单击"修改位置"按钮，选择"直角"坐标系选项，将"工件"坐标系选项设置为"1"，"工具"坐标系选项设置为"1"，单击"位置修改"按钮进入手动运行界面进行位置修改。在弹出的对话框中将机器人坐标系切换至"基坐标"，手动将机器人移动到点 7 位置。单击"记录位置"按钮，进入"位置变量设置"对话框，此时坐标值已修改，已记录下机器人当前即第 7 点的位置。

11. 示教上料位置点 8

示教上料位置点 8 示意图如图 5-31 所示。

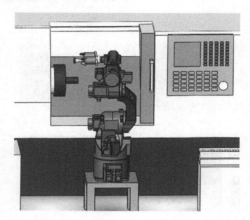

图 5-31　示教上料位置点 8 示意图

长按已建好的程序语句"L P[8] 100% FINE"，在弹出的界面中单击"修改位置"按钮，选择"直角"坐标系选项，将"工件"坐标系选项设置为"1"，"工具"坐标系选项设置为"1"，单击"位置修改"按钮进入手动运行界面进行位置修改。在弹出的对话框中将机器人坐标系切换至"基坐标"，手动将机器人移动到点 8 位置。单击"记录位置"按钮，进入"位置变量设置"对话框，此时坐标值已修改，已记录下机器人当前即第 8 点的位置。

12. 示教放置位置

示教放置位置示意图如图 5-32 所示。

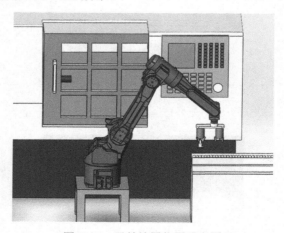

图 5-32　示教放置位置示意图

单击位置寄存器列表中的 PR[4]，可弹出位置寄存器设置界面，选择"直角"坐标系选项，将"工件"坐标系选项设置为 1，"工具"坐标系选项设置为 1。单击"位置修改"按钮进入手动运行界面，手动移动吸盘到点 1 位置，单击"记录位置"按钮，即可返回并显示修改后的各个轴的坐标值。在确认修改后会自动刷新该位置寄存器列表。

13. 程序测试

在首次运行新编写的程序之前，应先执行程序检查，以保证程序的正常运行。单击"程序检查"按钮，若程序有语法错误，则根据提示报警号、出错程序及错误行号进行具体修改。程序报警定义请参照本书后面的附录 A，错误提示信息中括号内的数据即为报警号。若程序没有错误，则提示程序检查完成。

测试抓取子程序之前可以在工业机器人末端安装一个印章，在桌子上放置一个本子。根据所印制图形，判断机器人抓取工件时的运行轨迹的正确性，如图 5-33 所示。加载已编好的程序，若想先试运行单个运行轨迹，可单击"指定行"按钮，输入试运行的指令所在的行号，系统自动跳转到该指令。单击修调值修改按钮"+"和"−"将程序运行时的速度倍率修调值减小。选择单步运行模式并启动，试运行该指令，机器人会根据程序指令进行相关的动作。根据机器人实际运行轨迹和工作环境需要可适当添加中间点。

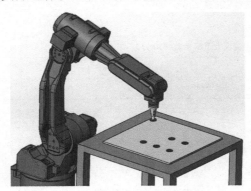

图 5-33　抓取子程序运行测试

测试上下料子程序之前可以在工业机器人末端安装一个印章，在桌子上放置一个盒子。运行上下料子程序，根据所印制图形，判断机器人上下料时的运行轨迹的正确性。

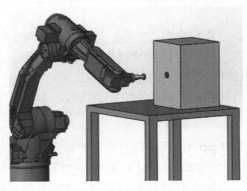

图 5-34　上下料子程序运行测试

对本任务的考核与评价参照表 5-7。

表 5-7 考核与评价

基本素养（30 分）				
序号	评估内容	自评	互评	师评
1	纪律（无迟到、早退、旷课）（10 分）			
2	安全规范操作（10 分）			
3	参与度、团队协作能力、沟通交流能力（10 分）			
理论知识（20 分）				
序号	评估内容	自评	互评	师评
1	机器人工具坐标系和工件坐标系的建立（10 分）			
2	直线编程与条件输入/输出指令的应用（10 分）			
技能操作（50 分）				
序号	评估内容	自评	互评	师评
1	独立完成上下料程序的编写（10 分）			
2	独立完成上下料运动位置数据记录（10 分）			
3	程序校验（10 分）			
4	独立操作机器人运行程序实现上下料示教（10 分）			
5	程序运行示教（10 分）			
综合评价				

思考与练习题 5

一、填空题

1. 子程序调用指令_____将程序控制转移到_____，并_____。

2. 当子程序执行到程序结束指令（END）时，控制会迅速返回到调用程序（主程序）中的_____，继续向后执行。

3. 增量指令将运动指令中的位置数据用作当前位置的_____，即增量指令中的位置数据为机器人_____。

4. 使用增量指令时，当位置数据为_____标值时，提供了每个轴的增量数据。

5. 使用增量指令时，当_____作为位置数据时，用户坐标系的基准通过用户坐标系的序号指定，而用户坐标系的序号是在位置数据中指定的。

6. 使用增量指令时，当位置寄存器作为位置数据时，基准坐标系即为_____。

二、简答题

1. 程序语句"L P[1] 500 mm/sec FINE INC"的意义是什么？

2. 程序语句"IF R[R[3]] >= 123, CALL subprog1"的意义是什么？

3. 当工业机器人所使用工具的 TCP 点相对于默认工具 0 的坐标方向没变，只是 TCP 点相对于工具 0 的 Y 方向和 Z 正方向偏移了 200 mm 时，如何建立工具坐标系？

4．简述工件坐标系的三点标定法。

三、操作题

1．编写两个子程序分别控制工业机器人沿 X 轴两点往复移动和沿 Y 轴两点往复移动。再编写一个主程序，调用这两个子程序，实现沿着 X 轴移动两次后沿 Y 轴移动一次。

2．如图 5-35 所示的图形边长都为 50 mm。试编写程序，控制工业机器人在平面内画出该图形。

图 5-35　练习题图

拓展与提高 5——工业机器人如何与数控车床融合使用

随着我国装备制造业转型升级，在市场需求和技术进步的双重作用下，近几年来工业机器人与数控车床集成应用发展很快，应用的形式不断扩展，对当前数控车床智能化潮流带来新的促动，对我国数控车床工具行业的转型升级也起到有益的推动作用。鉴于工业机器人研制及与数控车床集成应用的发展现状，相关企业应如何建立有效的组织联络机制，以加强沟通与合作？两个行业的融合发展该建立怎样的技术规范与标准，以充分做到资源共享与优势互补，并形成产业发展的合力？

工业机器人产业正迎来黄金发展机遇期，如何推动工业机器人产业和数控车床工具产业的融合发展，如何做到工业机器人与数控车床的互为集成应用，已成为当前现代装备制造业产业升级的重要话题。在数控车床制造过程中许多岗位主要依赖工人的体力和技能，生产效率低、劳动强度大、缺少熟练人才，难以保障产品的稳定性和一致性，这就促使数控车床行业越来越多地采用工业机器人及智能制造技术来改造传统工艺流程。以往昂贵的进口机器人和生产线主要在汽车等少数行业使用，在数控车床行业等装备制造业领域应用比例偏低，很大程度上制约了国内数控车床行业自动化程度的提高。

1．两大产业现状

经过"十一五"、"十二五"两个五年计划，十年磨一剑，中国数控车床产业的发展已进入中档规模产业化、高档小批量生产的阶段，产业整体水平基本具备国际竞争力。数控系统是数控车床的控制大脑，国产数控系统厂家已经掌握了五轴联动、小线段插补、动态误差补偿等控制技术，也研制出高性能、大功率伺服驱动装置，自主研发促进技术创新与进步，也萌生了工业机器人产业的雏形，催长产业发展。

当前，数控系统研制企业、数控车床整机企业、自动化应用集成商，甚至房地产资本大鳄们都在尝试进入机器人领域，掀起了一股机器人产业投资热。让人担心的是，政策过度引导带来的圈地套惠、产业过度投资带来的产能过剩、缺乏创新驱动带来的低端同质化竞争等，都将把机器人产业带入无序发展。值得思考的是，什么样的企业最适合研制机器人？如何提升机器人产业的整体质量？总的来说，具有数控系统的基础，控制系统、伺服电动机、伺服控制系统都能够批量生产的企业具有一定优势。日本 FUNAC 公司的产业推进路线就是一个成功的典型案例，值得借鉴与参考。国内已有几家数控系统企业纷纷进入工业机器人产业，走在最前面的广州数控，自 2006 年起规划研制工业机器人产业，已走过九个年头。借助自身控制器、伺服驱动、伺服电动机产品生产积累的经验，已完成工业机器人系列的全自主开发，产品覆盖了 3～200 kg，功能包括搬运、数控车床上下料、焊接、码垛、涂胶、打磨抛光、切割、喷涂、分拣、装配等。

随着用工成本上涨、技能人才缺少、高危环保、高强度作业等问题的凸显，工业机器人参与生产制造已被广泛认知和不断使用，成为社会关注的焦点。政府更是借此促进产业转型升级，企业用其开展技术改造，转变生产方式，提高作业效能。然而，中国的工业机器人保有量不大，民族品牌尚在培育中，综合竞争力有待提升。那么，机器人行业将以什么样的模式向前发展？笔者认为，现阶段更需要机器人整机企业、机器人关键部件供应商、机器人集成商产业链的协同发展。

2. 工业机器人与数控车床融合的集成方式

在数控车床加工应用领域，本土数控车床上下料机器人与数控车床的融合应用已在先端发展之列，它们的融合使用如图 5-36 所示。从行业应用层次来看，也发生了较大改变。

（1）工作岛：单对单联机加工、单对多联机加工。

（2）柔性制造系统（FMS）：基于网络控制的柔性机加线，应用 PLC 控制平台，通过工业以太网总线方式，将多台机器人、多台数控车床及其辅助设备进行联网组线，按节拍进行有序自动生产。

（3）数字化车间：借助 CAD/CAM/CAPPS/MES 辅助生产工具、物流技术及传感技术，具备生产过程监控、在线故障实时反馈、加工工艺数据管理、刀具信息管理、设备维护数据管理、产品信息记录等功能，满足无人化加工需求，实现加工系统的生产计划、作业协调集成与优化运行。

（4）智慧工厂：借助智能化车间布局和 ERP 信息化管理系统，将最大限度地给传统生产方式带来革新。信息管理系统的数据库可以通过网关与各种外部的信息系统进行接口，将车间接入 ERP 信息化管理系统，查询车间生产状态，实现企业资源的高效配置；借助其短信平台、邮件平台，可以向管理人员进行设备故障、生产进度等信息的实时汇报。

图 5-36　工业机器人与数控车床的融合使用

3. 工业机器人与数控车床融合发展的途径

1）加工制造方面

例如，工业机器人可参与数控车床结构件加工制造以实现自动化，专用数控车床可服

务于工业机器人专用减速机的精密加工，提升加工工艺质量及批量生产效率等，它们之间具有很大的融合发展空间。借助双方企业的战略合作，工业机器人企业可借助数控车床厂家的制造与工艺技术能力实现以下目标。

（1）面向工业机器人的本体铸件、减速机结构件，共同研究形成批量精密制造技术，提高工业机器人批量化生产能力和工艺水平，攻克可靠性、一致性技术，实现高效、稳定、精密的节拍生产。

（2）面向工业机器人工装、夹具，机加生产线的集成能力，借助各大数控车床厂的广大终端客户渠道资源，委托推广应用机器人。

（3）研发面向数控车床单机及生产线上下料和零部件搬运、铲刮、倒角、抛磨、焊接、喷涂（粉）等自动化、柔性化生产急需的工业机器人，数控车床企业与工业机器人企业共同研制，实现整机零部件的自动加工，推动数控车床生产制造技术水平的提升。

（4）工业机器人机械本体的关键零部件，如转盘、大臂、箱体、支承套、小臂、腕体等，尺寸精度和形位公差均要求较高，对机械加工设备、工装夹具、量检具等都有很高的要求；对于工业机器人减速机的摆线齿壳、行星针轮、偏心轴及行星架等关键零件的结构优化和加工，目前国内的加工设备、装配工艺、精度检测等还难以达到。但立足使用国产数控车床及工具设备完成相关加工，有助于提高我国高端精密机械零部件设计及加工水平，促进国产数控装置与国产数控车床的应用和发展。

2）在集成应用方面

数控车床上下料机器人实现机加柔性生产线将是便捷有效的推广方式。国内数控车床保有量约 200 万台，工业机器人企业首推应用数控车床上下料柔性机加生产线，将会有很大的市场需求，并且也有利于推动数控车床制造、工业机器人等机械零部件走向自动化、数字化、网络化的生产方式，可实现过程智能控制、信息化管理，能提高生产效率与产品质量，提高工艺管理水平，直至推动装备制造业的整体水平提升。例如，广州数控与大连机床、宝鸡机床等厂家形成战略合作关系，共同研发工业机器人专用加工数控车床、加工工艺技术应用、工业机器人机加自动柔性生产应用等项目，促进了双方互相融入各自产业应用。

国产工业机器人和数控车床工具行业与国际先进水平存在差距，尤其作为新兴产业的工业机器人，起步晚于国内数控车床产业，无论制造工艺水平、控制系统，还是集成应用经验；无论技术标准成熟度，还是专业人才拥有程度，都制约当前的发展速度，尚需在摸索中寻求进步。但两者的深度融合，对于提高中国装备制造业的综合竞争力具有重大意义。

任务 6

码垛编程与操作

码垛机器人在食品、医药、物流等领域均有广泛的应用。采用机器人码垛可大幅提高生产效率、节省劳动力成本、提高定位精度并降低搬运过程中的产品损坏率。

任务目标

（1）掌握工业机器人码垛运动的特点及程序编写方法；
（2）能使用工业机器人的基本指令正确编写码垛控制程序。

知识目标

（1）掌握运动控制程序的新建、编辑、加载方法；
（2）掌握工业机器人关节位置数据形式、意义及记录方法。

能力目标

（1）能够完成码垛的示教；
（2）能建立工具坐标系和工件坐标系。

任务描述

本任务利用 HSR-JR 608 工业机器人在传送带上拾取工件，将其搬运至左右两条传送带上并摆放整齐，以便周转至下一工位进行处理。大家需要在此完成程序编写、程序数据创建、目标点示教、程序调试工作，最终完成整个码垛过程。通过本章的学习，使大家学会工业机器人的搬运应用，学会工业机器人搬运程序的编写技巧。

6.1 码垛工艺

本任务中利用安装在 HSR-JR 608 工业机器人上的气动吸盘从传送带上拾取工件，将其搬运至左右两条传送带上并摆放整齐，以便周转至下一工位进行处理，如图 6-1 所示。

图 6-1 码垛机器人

6.1.1 物品的码垛要求

码垛是指将物品整齐、规则地摆放成货垛的作业。它根据物品的性质、形状、重量等因素，结合仓库存储条件，将物品码放成一定的货垛。

在物品码放前要结合仓储条件做好准备工作，在分析物品的数量、包装、清洁程度、属性的基础上，遵循合理、整齐、节约、方便、牢固、定量等方面的基本要求，进行物品码放。

（1）合理。要求根据不同货物的品种、性质、规格、批次、等级及不同客户对货物的不同要求，分开堆放。货垛形式应以货物的性质为准，这样利于货物的保管，能充分利用仓容和空间。货垛间距符合操作及防火安全的标准，大不压小，重不压轻，缓不压急，不围堵货物，特别是后进货物不堵先进货物，确保"先进先出"。

（2）整齐。货垛堆放整齐，垛形、垛高、垛距统一化和标准化，货垛上每件货物都尽量整齐码放、垛边横竖成列，垛不压线；货物外包装的标记和标志一律朝垛外。

（3）节约。尽可能堆高以节约仓容，提高仓库利用率；妥善组织安排，做到一次到位，避免重复劳动，节约成本消耗；合理使用苫垫材料，避免浪费。

（4）方便。选用的垛形、尺度、堆垛方法应方便堆垛、搬运装卸作业，提高作业效率；垛形方便理数、查验货物，方便通风、苫盖等保管作业。

（5）牢固。货垛稳定牢固，不偏不斜，必要时采用衬垫物料固定，一定不能损坏底层货物。货垛较高时，上部适当向内收小。易滚动的货物，使用木楔或三角木固定，必要时使用绳索、绳网对货垛进行绑扎固定。

（6）定量。每一货垛的货物数量保持一致，采用固定的长度和宽度，且为整数，如 50 袋成行，货量以相同或固定比例逐层递减，能做到过目知数。每垛的数字标记清楚，货垛牌或料卡填写完整，能够一目了然。

6.1.2　托盘码垛

托盘是用于集装、堆放、搬运和运输的放置作为单元负荷的物品和制品的水平平台装置。在平台上集装一定数量的单件物品，并按要求捆扎加固，组成一个运输单位，便于运输过程中使用机械进行装卸、搬运和堆存。这种台面有供叉车从下部插入并将台板托起的插入口。以这种结构为基本的台板和在这种基本结构基础上形成的各种集装器具都统称为托盘。

1. 托盘的主要特点

1）托盘的主要优点

（1）搬运或出入库场都可用机械操作，减少货物码垛作业次数，从而有效提高运输效率，缩短货运时间。

（2）以托盘为运输单位，货运件数变少，体积、重量变大，而且每个托盘所装数量相等，既便于点数、理货交接，又可以减少货损、货差事故。

（3）自重量小，因而可用于装卸、运输。托盘本身所消耗的劳动强度较小，无效运输及装卸负荷相对也比集装箱小。

（4）空返容易，空返时占用运力很少。由于托盘造价不高，又很容易互相代用，所以无须像集装箱那样必须有固定归属者。

2）托盘的主要缺点

（1）回收利用组织工作难度较大，会浪费一部分运力。

（2）托盘本身也占用一定的仓容空间。

2. 托盘分类

按托盘的结构分类，常见的托盘有平托盘、箱形托盘和柱形托盘 3 种。

（1）平托盘。平托盘由双层板或单层板另加底脚支撑构成，无上层装置，在承载面和支撑面间夹以纵梁构成，可以集装物料，也可以使用叉车或搬运车等进行作业。

（2）箱形托盘。箱形托盘以平托盘为底，上面有箱形装置，四壁围有网眼板或普通板，顶部可以有盖或无盖。它可用于存放形状不规则的物料。

（3）柱形托盘。柱形托盘是在平托盘基础上发展起来的，分为固定式（四角支柱与底盘固定联系在一起）和可拆装式两种。

3. 托盘作业

1）装盘码垛

装盘码垛是指在托盘上装放同一形状的立体形包装物品，可以采取各种交错咬合的办法码垛，这样可以保证托盘具有足够的稳定性，甚至不需要再用其他方式加固。

托盘上货体码放方式很多，主要有以下 4 种方式，如图 6-2 所示。

（1）重叠式。重叠式各层码放方式相同，上下对应。这种方式的优点是工具操作速度快，各层重叠之后，包装物 4 个角和边重叠垂直，能承受较大的重量。这种方式的缺点是，各层之间缺少咬合，稳定性差，容易发生塌垛。在货体底面积较大的情况下，采用这种方式可有足够的稳定性。一般情况下，重叠式码放再配以各种紧固方式，不但能保持稳定，而且装卸操作也比较省力。

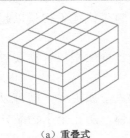

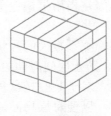

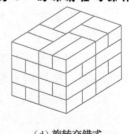

（a）重叠式　　　　　（b）纵横交错式　　　　　（c）正反交错式　　　　　（d）旋转交错式

图 6-2　托盘码垛方式

（2）纵横交错式。相邻两层物品的摆放旋转 90°，一层呈横向放置，另一层呈纵向放置。层间有一定的咬合效果，但咬合强度不高。这种方式装盘也较简单，如果配以托盘转向器，装完一层之后，利用转向器旋转 90°，只用同一装盘方式便可实现纵横交错装盘，劳动强度和重叠式相同。

（3）正反交错式。同一层中不同列的物品以 90°垂直码放，相邻两层的物品码放形式是另一层旋转 180°的形式。这种方式类似于房屋建筑中砖的砌筑方式，不同层间咬合强度较高，相邻层之间不重缝，因而码放后稳定性很高，但操作比较麻烦，且包装体之间不是垂直面互相承受荷载，所以下部易被压坏。

（4）旋转交错式。第一层相邻的两个包装体都互为 90°，两层间的码放又相互成 180°。这样相邻两层之间咬合交叉，其优点是托盘物品稳定性高，不易塌垛；其缺点是码放难度较大，且中间形成空穴，会降低托盘载装能力。

2）托盘的塌垛

托盘的塌垛是物流过程中的一个较大问题。一旦出现塌垛，不但会造成物品损坏，而且还会破坏物流过程的贯通性，降低物流速度和物流效率。在物流过程中出现的塌垛大体有以下 4 种情况：

（1）货体倾斜。

（2）货体整体移位。

（3）货体部分错位外移，部分落下。

（4）全面塌垛。

塌垛危险的发生一方面是由运输工具、运输线路及路况意外事故等外部原因造成的；另一方面是由于码放不当造成的。比较而言，在不发生特殊运输事故的情况下，码垛问题是决定是否发生塌垛的重要因素。另外，包装物表面的材质也起一定的作用，表面摩擦力强的包装物不容易发生塌垛。

3）托盘货体的紧固

托盘货体的紧固是保证货体稳固性、防止塌垛的重要手段。托盘货体紧固方法有如下几种。

（1）捆扎。捆扎是用绳索、打包带等对托盘货体进行捆扎以保证物品的稳固，捆扎方式有水平捆扎和垂直捆扎等。

（2）网罩。网罩是用网罩盖住托盘货体起到紧固的作用。这种方法较多地应用于航空托盘的加固。

（3）框架加固。框架加固是指用框架包围整个托盘货体，再用打包带或绳索捆紧以起到稳固的作用。

（4）中间夹擦材料。将摩擦系数大的片状材料，如麻包片、纸板、泡沫塑料等夹入货物夹层间，起到加大摩擦力、防止层间滑动的作用。

（5）专用金属卡具加固。对于某些托盘货物，最上部如果可以伸入金属夹卡，则可以用夹卡将相邻的包装物卡住，以便每层物品通过金属夹卡形成一个整体，防止个别物品分离滑落。

（6）黏合。黏合是指在每层物品之间贴上双面胶，可将两层物品通过胶条黏合在一起，这样便可防止托盘物品在物流过程中从层间滑落。

（7）胶带黏扎。货体用单面不干胶包装带黏捆，即使胶带部分损坏，由于全部贴于货物表面，也不会出现散捆。

（8）平托盘周边垫高。将平托盘周边稍稍垫高，托盘上放置的货物会向中心互相依靠，在物流中发生摇动、震动时，可防止层间滑动错位、防止货垛外倾，因而也会起到稳固的作用。

（9）收缩薄膜加固。收缩薄膜加固是将热缩塑料薄膜置于托盘货体上，然后进行热缩处理，塑料薄膜收缩后，便将托盘货体紧捆成一体。这种紧固方法不但起到紧固、防止塌垛的作用，而且由于塑料薄膜不透水，还可起到防水、防雨的作用，有利于克服托盘货体不能露天放置，需要仓库的缺点，可大大扩展托盘的应用领域。

（10）拉伸薄膜加固。拉伸薄膜是指用拉伸塑料薄膜缠绕捆扎在货体上，外力消除后，拉伸塑料薄膜收缩，固紧托盘货体。

6.2 码垛编程实例

6.2.1 位置寄存器轴指令和坐标系设置指令

1. 位置寄存器轴指令

位置寄存器轴指令在位置寄存器上完成计算操作。PR[i,j]中的元素 i 代表位置寄存器的序号，j 代表位置寄存器元素序号。位置寄存器轴指令可以将位置数据元素的值，或两个数据的和、差、商、余数等赋值给指定的位置寄存器元素。

指令格式：PR[i,j]=(value)(operator)(value)

指令结构如下：

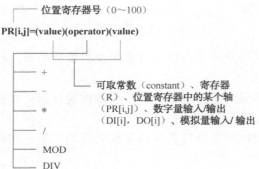

2. 坐标系设置指令

指令格式：UFRAME[i]=(value)

指令说明如下。

（1）UFRAME——工件坐标系选择指令。

（2）[i]——工件坐标系序号（1～15）。

（3）value——位置寄存器 PR[i]。

指令结构如下：

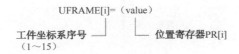

示例：

```
1: UFRAME[1] = PR[1]
2: UFRAME[R[2]] = PR[R[3]]
```

6.2.2 码垛运动规划

1. 任务规划

机器人码垛运动可分解成为"检测传送线信息"、"抓取工件"、"判断放置位置"、"放置工件"等一系列子任务，如图 6-3 所示。

图 6-3 码垛任务规划图

2. 动作规划

码垛过程可进一步分解为"检测码盘是否已满"、"检测产品到位"、"判断左侧或右侧码垛"、"计算码垛放置位置"、"移动到抓取安全位置"、"抓取工件"、"移动到放置安全位置"、"放置工件"、"计算工件放置数量"等一系列动作。码垛动作循环流程图如图 6-4 所示。

3. 路径规划

摆放位置的算法如图 6-5 所示。位置 1 与创建好的示教放置位置 1 重合，则直接将示教放置位置 1 各项数据赋值给当前放置目标点。位置 2 相对于位置 1 只是在 X 正方向偏移了一个产品长度，只需在目标点 X 数据上面加上一个产品长度即可。位置 3 则和示教放置位置 2 重合，位置 4 相对于位置 3 只是在 X 正方向偏移了一个产品宽度，只需在目标点 X 数据上面加上一个产品宽度即可。以此类推，则可计算出剩余的全部放置位置。在码垛应用过程中，通常是奇数层垛型一致，偶数层垛型一致，这样只要计算出第一层和第二层之后，计算第三层和第四层位置时，可将工件坐标系在 Z 轴正方向上面叠加相应的产品高度即可完成。以此类推，即可完成整个垛型的计算。

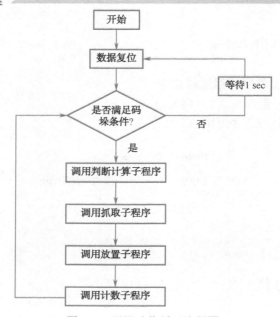

图 6-4　码垛动作循环流程图

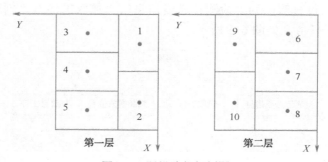

图 6-5　码垛路径规划图

机器人执行左侧码垛时相对于左侧码盘的运动轨迹与机器人执行右侧码垛时相对于右侧码盘的运动轨迹是一样的，并没有因为整体偏移而发生变化。所以，为了方便编程，给左侧码盘建立工件坐标系 1，右侧码盘建立工件坐标系 2，并将坐标系的位置数据记录到 PR 寄存器中。当前工件坐标系设置为工件坐标系 3，并在工件坐标系 3 中进行码垛轨迹编程。执行左侧码垛时，将左侧码盘工件坐标系 1 的各项位置数据复制给当前坐标系，机器人的运动轨迹就自动更新到坐标系 1 中了。执行右侧码垛时，将右侧码盘工件坐标系 2 的各项位置数据复制给当前坐标系，机器人的运动轨迹就自动更新到坐标系 2 中了。这样对于相同的轨迹就不需要重复编程了。

6.2.3　码垛示教前的准备

1. I/O 配置

本任务中使用气动吸盘来抓取工件，气动吸盘的打开与关闭需要通过 I/O 信号控制。传动带的产品到位信号和码盘放满的信号也需要通过 I/O 信号进行信息交换。I/O 配置说明如

表 6-1 所示。

表 6-1　I/O 配置说明

序　号	PLC 地址	状　态	符 号 说 明	控 制 指 令
1	DO[1]	NC	吸盘打开	DO[]=ON/OFF
2	DO[2]	NC	吸盘关闭	DO[]=ON/OFF
3	DO[3]	NC	左侧换盘	DO[]=ON/OFF
4	DO[4]	NC	右侧换盘	DO[]=ON/OFF
5	DI[1]	NC	左侧码盘到位	DI[]=ON/OFF
6	DI[2]	NC	右侧码盘到位	DI[]=ON/OFF
7	DI[3]	NC	产品到位	DI[]=ON/OFF
8	DI[4]	NC	吸盘打开反馈	DI[]=ON/OFF
9	DI[5]	NC	吸盘关闭反馈	DI[]=ON/OFF

2. 工具坐标系设定

由于吸盘相对于工具 0 的位置只在 Z 方向产生偏移，X、Y 方向没有改变，且吸盘的位姿与工具 0 相同，所以建立吸盘工具坐标系时只需设定 Z 坐标值即可。

单击"工具坐标设定"按钮进入工具坐标系设定对话框，选中需要标定的工具号（工具 0 不能被标定），右侧将显示选中坐标系的坐标值，如图 6-6 所示。工具坐标系设定示意图如图 6-7 所示。

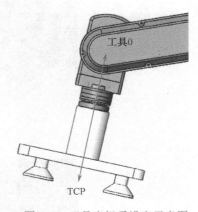

图 6-6　工具坐标系设定　　　　　　　　　图 6-7　工具坐标系设定示意图

单击 Z 轴的坐标值，即可进行坐标值的修改。将吸盘底端到工具 0 的 Z 方向距离设定为 Z 轴坐标值，即完成工具坐标系设定。

3. 工件坐标系设定

码垛过程需要建立两个工件坐标系，包括左侧码盘建立工件坐标系 1，右侧码盘建立工件坐标系 2。

单击"工件坐标系设定"按钮进入工件坐标设定对话框。如图 6-8 所示，选择一个工件

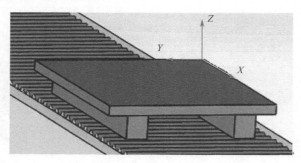

图 6-8　工件坐标设定

号，右侧将显示选中工件号的坐标值。单击一个轴的坐标值，即可修改选中的坐标值。单击"清除坐标"按钮，可将当前选中的坐标系的各个坐标值清零。

采用三点法标定工件坐标系时，将第一个标定点定为工件坐标系绝对原点（如图 6-9 和图 6-10 所示），将工具 TCP 点（即工具坐标中心点）沿工件坐标系+X 方向移动一定距离作为 X 方向延伸点，再从工件坐标系 XOY 平面第一或第二象限内选取任意点作为 Y 方向延伸点。由这 3 个点计算出工件坐标系。

图 6-9　左侧码盘工件坐标系

图 6-10　右侧码盘工件坐标系

6.2.4　码垛示教编程

本任务要实现机器人完成一条产品输入线、两个产品输出工位码垛任务。根据码垛运动规划，将程序分为码垛主程序、判断工位子程序、计算位置子程序、抓取子程序、放置子程序、计数子程序几个程序块，通过主程序调用子程序完成码垛工作。其中，判断工位子程序用来判断左侧码垛还是右侧码垛，计算位置子程序计算码垛放置位置。通过计数子程序计算产品放置数量，当产品放满时输出更换码盘信号。

1. 变量说明

变量说明如表 6-2 所示。

表 6-2　变量说明

序号	变　量	变　量　说　明
1	PR[1]	码垛示教位置 1
2	PR[2]	码垛示教位置 2
3	PR[3]	左侧工件坐标系为当前工件坐标系时的安全抓取位置
4	PR[4]	左侧工件坐标系为当前工件坐标系时的抓取位置
5	PR[5]	右侧工件坐标系为当前工件坐标系时的安全抓取位置
6	PR[6]	右侧工件坐标系为当前工件坐标系时的抓取位置
7	PR[7]	程序中的抓取安全位置寄存器
8	PR[8]	程序中的抓取位置寄存器
9	PR[9]	程序中的放置位置寄存器
10	PR[10]	程序中的放置安全位置寄存器
11	PR[11]	放置安全高度（根据实际需要设置）
12	PR[12]	中间变量
13	PR[13]	层高
14	R[1]	左侧位置数
15	R[2]	右侧位置数
16	R[3]	工位判断标志
17	R[4]	工位选择标志
18	R[5]	左侧码盘放满标志
19	R[6]	右侧码盘放满标志
20	R[7]	左右判断完成标志

2. 程序

程序如表 6-3～表 6-8 所示。

表6-3 主程序

序号	程 序 内 容	程 序 说 明
1	MAIN	主程序
2	R[1]=0	左侧位置数置为0
3	R[2]=0	右侧位置数置为0
4	R[3]=1	工位判断标志置为1
5	R[4]=1	工位选择标志置为1
6	R[5]=0	左侧码盘放满标志置为0
7	R[6]=0	右侧码盘放满标志置为0
8	R[7]=0	计算完成标志置为0
9	LBL[1]	标签1
10	IF R[5]= 0 AND DI[1]=1 AND DI[3]=1 JMP LBL[2]	判断左侧是否满足码垛条件，若满足则跳转到标签2
11	IF R[6]= 0 AND DI[2]=1 AND DI[3]=1 JMP LBL[2]	如果左侧不满足码垛条件，则判断右侧是否满足码垛条件，满足则跳转到标签2
12	WAIT 1	左右都不满足码垛条件等待1秒
13	JMP LBL[1]	跳转到标签1
14	LBL[2]	标签2
15	CALL panduanzuoyou	调用判断工位子程序
16	CALL jisuanweizhi	调用计算位置子程序
17	CALL zhuaqu	调用抓取子程序
18	CALL fangzhi	调用放置子程序
19	CALL jishu	调用计数子程序
20	JMP LBL[1]	跳转到标签1

表6-4 判断工位子程序

序号	程 序 内 容	程 序 说 明
1	panduanzuoyou	判断工位子程序（判断左侧或右侧码垛）
2	LBL[1]	标签1
3	IF R[7]=1 JMP LBL[5]	如果左右工位判断完成，则退出程序
4	IF R[3]=2 JMP LBL[3]	如果工位判断标志为2，则跳转到标签3
5	IF R[5]=1 OR DI [1]=OFF OR R[3]=0 JMP LBL[2]	如果左工位不满足码垛条件，则跳转到标签2
6	PR[12]= UFRAME[1]	复制左侧坐标系位置数据到寄存器
7	UFRAME[3]= PR[12]	复制左侧工件坐标系值给当前坐标系
8	PR[7]= PR[3]	复制左侧抓取安全位置数据
9	PR[8]= PR[4]	复制左侧抓取位置数据
10	R[1] = 1	左侧位置数置为1
11	R[7] = 1	位置判断完成标志置为1

续表

序号	程 序 内 容	程 序 说 明
12	R[4]=1	工位选择标志置为1（选择左侧）
13	JMP LBL[1]	跳转到标签1
14	LBL[2]	标签2
15	R[7] = 0	位置判断完成标志置为0
16	R[3] = 2	工位判断标志置为2
17	JMP LBL[1]	跳转到标签1
18	LBL[3]	标签3
19	IF R[6]=1 OR DI[2]=OFF OR D[3]=0 JMP LBL[4]	如果右工位不满足码垛条件，则跳转到标签2
20	PR[12]=UFRAME[2]	复制右侧坐标系位置数据到寄存器
21	UFRAME[3]= PR[12]	复制右侧工件坐标系值给当前坐标系
22	PR[7]= PR[5]	复制右侧抓取安全位置数据
23	PR[8]= PR[6]	复制右侧抓取位置数据
24	R[2] = 1	右侧位置数为1
25	R[7] = 1	位置判断完成标志置为1
26	R[4] = 2	工位选择标志置为2（选择右侧）
27	JMP LBL[1]	跳转到标签1
28	LBL[4]	标签4
29	R[7] = 0	位置判断完成标志置为0
30	R[3] = 1	工位判断标志置为1
31	JMP LBL[1]	跳转到标签1
32	LBL[5]	标签5
33	END	子程序结束

表6-5 计算位置子程序

序号	程 序 内 容	程 序 说 明
1	jisuanweizhi	计算位置子程序
2	IF R[1]=1 OR R[2]=1 JMP LBL[1]	如果左侧或右侧位置数为1，则跳转到标签1
3	IF R[1]=2 OR R[2]=2 JMP LBL[2]	如果左侧或右侧位置数为2，则跳转到标签2
4	IF R[1]=3 OR R[2]=3 JMP LBL[3]	如果左侧或右侧位置数为3，则跳转到标签3
5	IF R[1]=4 OR R[2]=4 JMP LBL[4]	如果左侧或右侧位置数为4，则跳转到标签4
6	IF R[1]=5 OR R[2]=5 JMP LBL[5]	如果左侧或右侧位置数为5，则跳转到标签5
7	IF R[1]=6 OR R[2]=6 JMP LBL[6]	如果左侧或右侧位置数为6，则跳转到标签6
8	IF R[1]=7 OR R[2]=7 JMP LBL[7]	如果左侧或右侧位置数为7，则跳转到标签7
9	IF R[1]=8 OR R[2]=8 JMP LBL[8]	如果左侧或右侧位置数为8，则跳转到标签8
10	IF R[1]=9 OR R[2]=9 JMP LBL[9]	如果左侧或右侧位置数为9，则跳转到标签9
11	IF R[1]=10 OR R[2]=10 JMP LBL[10]	如果左侧或右侧位置数为10，则跳转到标签10

序号	程序内容	程序说明
12	LBL[1]	标签 1（计算位置 1）
13	PR[9] = PR[1]	复制示教位置 1 的位置数据到寄存器
14	PR[10] =PR[1] + PR[11]	计算安全放置位置（Z 正方向偏移一个高度）
15	JMP　LBL[11]	跳转到标签 11
16	LBL[2]	标签 2（计算位置 2）
17	PR[9] = PR[1]	复制示教位置 1 的位置数据到寄存器
18	PR[9,0] =PR[1,0] +长	X 正方向偏移一个产品长度
19	PR[10] = PR[9]+ PR[11]	计算安全放置位置（Z 正方向偏移一个高度）
20	JMP　LBL[11]	跳转到标签 11
21	LBL[3]	标签 3（计算位置 3）
22	PR[9] = PR[2]	复制示教位置 2 的位置数据到寄存器
23	PR[10] = PR[9]+ PR[11]	计算安全放置位置（Z 正方向偏移一个高度）
24	JMP　LBL[11]	跳转到标签 11
25	LBL[4]	标签 4（计算位置 4）
26	PR[9] = PR[2]	复制示教位置 2 的位置数据到寄存器
27	PR[9,0]=PR[2,0] +宽	X 正方向偏移一个产品宽度
28	PR[10] = PR[9]+ PR[11]	计算安全放置位置（Z 正方向偏移一个高度）
29	JMP　LBL[11]	跳转到标签 11
30	LBL[5]	标签 5（计算位置 5）
31	PR[9] = PR[2]	复制示教位置 2 的位置数据到寄存器
32	PR[9,0]= PR[2,0] +宽+宽	X 正方向偏移两个产品宽度
33	PR[10] = PR[9]+ PR[11]	计算安全放置位置（Z 正方向偏移一个高度）
34	JMP　LBL[11]	跳转到标签 11
35	LBL[6]	标签 6（计算位置 6）
36	PR[9] = PR[2]+ PR[13]	复制示教位置 2 的位置数据，同时加上层高
37	PR[9,1]=PR[2,1] –宽	Y 负方向偏移一个产品宽度
38	PR[10] = PR[9]+ PR[11]	计算安全放置位置（Z 正方向偏移一个高度）
37	JMP　LBL[11]	跳转到标签 11
40	LBL[7]	标签 7（计算位置 7）
41	PR[9] = PR[2] + PR[13]	复制示教位置 2 的位置数据，同时加上层高
42	PR[9,0] = PR[2,0] +宽	X 正方向偏移一个产品宽度
43	PR[10,1] = PR[2,1] –宽	Y 负方向偏移一个产品宽度
44	PR[10] = PR[9]+ PR[11]	计算安全放置位置（Z 正方向偏移一个高度）
45	JMP　LBL[11]	跳转到标签 11
46	LBL[8]	标签 8（计算位置 8）

续表

序号	程序内容	程序说明
47	PR[9] = PR[2] + PR[13]	复制示教位置2的位置数据，同时加上层高
48	PR[9,0]= PR[2,0] +宽+宽	X正方向偏移两个产品宽度
49	PR[10,1] = PR[2,1] −宽	Y负方向偏移一个产品宽度
50	PR[10] = PR[9]+ PR[11]	计算安全放置位置（Z正方向偏移一个高度）
51	JMP LBL[11]	跳转到标签11
52	LBL[9]	标签9（计算位置9）
53	PR[9] = PR[1] + PR[13]	复制示教位置1的位置数据，同时加上层高
54	PR[9,1]= PR[1,1] +长	Y正方向偏移一个产品长度
55	PR[10] = PR[9]+ PR[11]	计算安全放置位置（Z正方向偏移一个高度）
56	JMP LBL[11]	跳转到标签11
57	LBL[10]	标签10（计算位置10）
58	PR[9] = PR[1] + PR[13]	复制示教位置1的位置数据，同时加上层高
59	PR[9,0]= PR[1,0] +长	X正方向偏移一个产品长度
60	PR[9,1]= PR[1,1] +长	Y正方向偏移一个产品长度
61	PR[10] = PR[9]+ PR[11]	计算安全放置位置（Z正方向偏移一个高度）
62	LBL[11]	标签11
63	END	子程序结束

表6-6 抓取子程序

序号	程序内容	程序说明
1	zhuaqu	抓取子程序
2	J PR[7] 100% FINE	移动到安全抓取位置
3	L PR[8] 50 mm/sec FINE	移动到抓取位置
4	DO [1]= ON	打开吸盘抓取工件
5	WAIT DI[4]= ON	等待吸盘反馈信号
6	L PR[7] 50 mm/sec FINE	抓起工件
7	END	子程序结束

表6-7 放置子程序

序号	程序内容	程序说明
1	fangzhi	放置子程序
2	J PR[10] 100% FINE	移动到安全放置位置
3	L PR[9] 50 mm/sec FINE	移动到放置位置
4	DO [2]= ON	关闭吸盘放下工件
5	WAIT DI[5]= ON	等待反馈信号
6	L PR[10] 50 mm/sec FINE	返回到安全位置
7	END	子程序结束

表 6-8　计数子程序

序号	程序内容	程序说明
1	jishu	计数子程序
2	IF　R[4]=2 JMP LBL[1]	如果是右侧码垛，则跳转到标签 1
3	R[1] = R[1] + 1	如果是左侧码垛，则左侧位置数加 1
4	IF　R[1]<11 JMP LBL[2]	如果码盘未满，则退出计数程序
5	DO[4]=OFF	复位右侧更换码盘信号
6	DO[3]= ON plate	如果左侧码盘已满，则输出更换码盘
7	R[7] = 0	位置判断完成标志复位
8	R[5]=1	码盘已满标志置为 1
9	R[1]=0	位置数据复位
10	JMP　LBL[2]	退出程序
11	LBL[1]	标签 1
12	R[2] = R[2] + 1	如果是右侧码垛，则右侧位置数加 1
13	IF　R[2]<11 JMP LBL[2]	如果码盘未满，则退出计数程序
14	DO[3]=OFF	复位左侧更换码盘信号
15	DO[4]= ON	如果码盘已满，则输出更换码盘
16	R[7] = 0	位置判断完成标志复位
17	R[6]=1	码盘已满标志置为 1
18	R[2]=0	位置数据复位
19	LBL[2]	退出程序
20	END	子程序结束

3. 位置寄存器轴指令输入

位置寄存器轴指令输入步骤如图 6-11～图 6-16 所示。

图 6-11　位置寄存器轴指令输入（1）

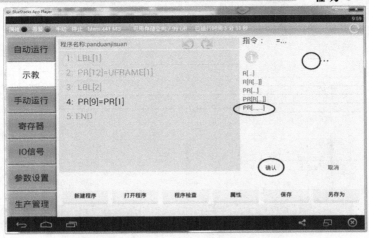

图 6-12　位置寄存器轴指令输入（2）

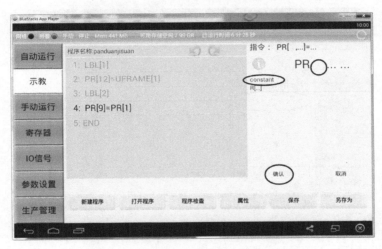

图 6-13　位置寄存器轴指令输入（3）

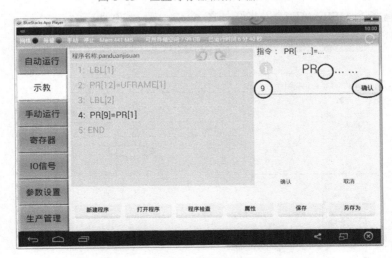

图 6-14　位置寄存器轴指令输入（4）

图 6-15 位置寄存器轴指令输入（5）

图 6-16 位置寄存器轴指令输入（6）

4. 坐标系设置指令 UFRAME 输入

坐标系设置指令 UFRAME 输入步骤如图 6-17～图 6-20 所示。

图 6-17 UFRAME 指令输入（1）

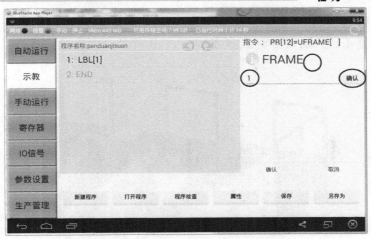

图 6-18 UFRAME 指令输入（2）

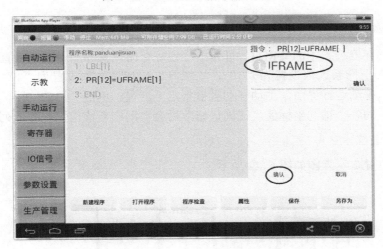

图 6-19 UFRAME 指令输入（3）

图 6-20 UFRAME 指令输入（4）

5. 示教放置位置 1

示教放置位置 1 示意图如图 6-21 所示。

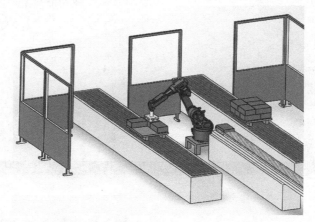

图 6-21　示教放置位置 1 示意图

单击位置寄存器列表中的 PR[1]，可弹出位置寄存器设置界面，选择"直角"坐标系选项，将"工件"坐标系选项设置为"3"，"工具"坐标系选项设置为"1"。单击"位置修改"按钮进入手动运行界面，手动移动吸盘到点 1 位置。单击"记录位置"按钮，即可返回并显示修改后的各个轴的坐标值。在确认修改后会自动刷新该位置寄存器列表。

6. 示教放置位置 2

示教放置位置 2 示意图如图 6-22 所示。

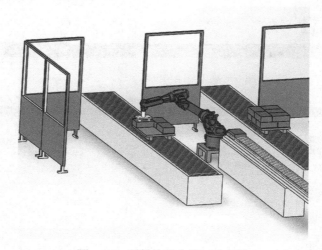

图 6-22　示教放置位置 2 示意图

单击位置寄存器列表中的 PR[2]，可弹出位置寄存器设置界面，选择"直角"坐标系选项，将"工件"坐标系选项设置为"3"，"工具"坐标系选项设置为"1"。单击"位置修改"按钮进入手动运行界面，手动移动吸盘到点 3 位置。单击"记录位置"按钮，即可返回并显示修改后的各个轴的坐标值。在确认修改后会自动刷新该位置寄存器列表。

7. 示教左侧码垛时的抓取位置

示教抓取位置示意图如图 6-23 所示。

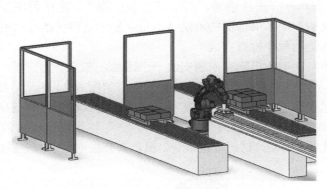

图 6-23　示教抓取位置示意图

单击位置寄存器列表中的 PR[4]，可弹出位置寄存器设置界面，选择"直角"坐标系选项，将"工件"坐标系选项设置为"1"，"工具"坐标系选项设置为"1"。单击"位置修改"按钮进入手动运行界面，手动移动吸盘到抓取位置。单击"记录位置"按钮，即可返回并显示修改后的各个轴的坐标值。在确认修改后会自动刷新该位置寄存器列表。

8. 示教左侧码垛时的安全位置

单击位置寄存器列表中的 PR[3]，可弹出位置寄存器设置界面，选择"直角"坐标系选项，将"工件"坐标系选项设置为"1"，"工具"坐标系选项设置为"1"。单击坐标轴修改坐标值，将坐标 X、Y、A、B、C 的值修改为"0"，将 Z 轴坐标值修改为移动工件时的安全距离。在确认修改后会自动刷新该位置寄存器列表。

9. 示教右侧码垛时的抓取位置

单击位置寄存器列表中的 PR[6]，可弹出位置寄存器设置界面，选择"直角"坐标系选项，将"工件"坐标系选项设置为"2"，"工具"坐标系选项设置为"1"。单击"位置修改"按钮进入手动运行界面，手动移动吸盘到抓取位置。单击"记录位置"按钮，即可返回并显示修改后的各个轴的坐标值。在确认修改后会自动刷新该位置寄存器列表。

10. 示教右侧码垛时的安全位置

单击位置寄存器列表中的 PR[5]，可弹出位置寄存器设置界面，选择"直角"坐标系选项，将"工件"坐标系选项设置为"2"，"工具"坐标系选项设置为"1"。单击坐标轴修改坐标值，将坐标 X、Y、A、B、C 的值修改为"0"，将 Z 轴坐标值修改为移动工件时的安全距离。在确认修改后会自动刷新该位置寄存器列表。

11. 示教码垛层高

单击位置寄存器列表中的 PR[13]，可弹出位置寄存器设置界面，选择"直角"坐标系选项，将"工件"坐标系选项设置为"3"，"工具"坐标系选项设置为"1"。单击坐标轴修改坐标值，将坐标 X、Y、A、B、C 的值修改为"0"，将 Z 轴坐标值修改为工件高度。在确认修改后会自动刷新该位置寄存器列表。

12. 程序检查

在首次运行新编写的程序之前，应先执行程序检查，以保证程序的正常运行。单击"程序检查"按钮，若程序有语法错误，则根据提示报警号、出错程序及错误行号进行具体修改。程序报警定义请参照本书后面的附录 A，错误提示信息内括号内的数据即为报警号。若程序没有错误，则提示程序检查完成。

测试运行之前可以在工业机器人末端安装一个印章，在桌子上放置一个本子。根据所印制图形，判断机器人放置工件时的运行轨迹的正确性，如图 6-24 所示。加载已编好的程序，若想先试运行单个运行轨迹，可选择"指定行"按钮，输入试运行的指令所在的行号，系统自动跳转到该指令。单击修调值修改按钮"＋"和"－"将程序运行时的速度倍率修调值减小。选择单步运行模式并启动，试运行该指令，机器人会根据程序指令进行相关的动作。

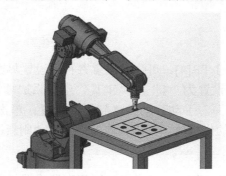

图 6-24 程序检查

对本任务的考核与评价参照表 6-9。

表 6-9 考核与评价

基本素养（30 分）			
序号	评估内容	自评	互评	师评
1	纪律（无迟到、早退、旷课）（10 分）			
2	安全规范操作（10 分）			
3	参与度、团队协作能力、沟通交流能力（10 分）			
理论知识（20 分）			
序号	评估内容	自评	互评	师评
1	机器人工具坐标系和工件坐标系的建立（10 分）			
2	直线编程与条件输入/输出指令的应用（10 分）			
技能操作（50 分）			
序号	评估内容	自评	互评	师评
1	独立完成码垛程序的编写（10 分）			
2	独立完成码垛运动位置数据记录（10 分）			
3	程序校验（10 分）			
4	独立操作机器人运行程序实现码垛示教（10 分）			
5	程序运行示教（10 分）			
综合评价			

思考与练习题 6

一、填空题

1. _____指令在位置寄存器上完成计算操作。PR[i,j]中的元素 i 代表_____，j 代表_____。

2. 位置寄存器轴指令可以将位置数据元素的值，或两个数据的和、差、商、余数等赋值给指定的_____。

3. 程序语句"UFRAME[i]=(value)"中 value 可以取_____。

4. 工件坐标系的序号取值范围为_____。

5. 当工业机器人在两个工件坐标系中的轨迹相同时，可以_____，无须重复轨迹编程。

二、简答题

1. 程序语句"PR[i,j]=(value)(operator)(value)"中 value 可以取哪些值？

2. 程序语句"PR[1]=UFRAME[1]，UFRAME[2] = PR[1]"的作用是什么？

3. 图 6-25 为工业机器人码垛任务中工件的排放位置，图中工件的长度为 300 mm，宽度为 200 mm，高度为 100 mm，试计算各个位置的坐标值。

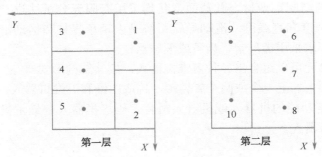

图 6-25 　 练习题图 1

三、操作题

1. 试在一个坐标系下编写程序，控制工业机器人在平面内画出如图 6-26 所示图形。

2. 试建立两个坐标系，利用坐标系变换编写程序，控制工业机器人在平面内画出如图 6-26 所示图形。

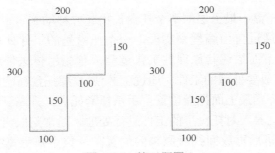

图 6-26 　 练习题图 2

拓展与提高 6——直角坐标机器人与码垛机器人

在很多产品的生产过程中，用机器人来完成一些生产工序，不仅能提高生产效率，降低生产成本，而且还能进一步提高产品质量。例如，在唇膏生产过程中，要把唇膏和外壳从托盘中取出，再把唇膏整洁、正确地装入壳内，并盖好盖及拧紧，最后把成品唇膏放进另一托盘中。还有在很多手机生产过程中，在一个托盘上整洁地放置一些装有手机外壳、印制电路板、用塑料袋包装好的显示部件等。机器人手爪把它们一个一个地抓取到传送带上，以便进行下一步处理，并在最后把已经空了的托盘搬到空托盘摞上。码垛机器人被广泛应用在医药、包装、仪表装配、继电器生产等众多行业。下面先简单介绍与其工作原理非常类似的直角坐标机器人，再介绍标准的码垛机器人及其应用案例。

1. 直角坐标机器人

直角坐标机器人主要由几个直线运动轴组成，通常分别对应直角坐标系中的 X 轴、Y 轴和 Z 轴。在大多数情况下，直角坐标机器人的各个直线运动轴间的夹角为直角，通常 X 和 Y 轴是水平面内的运动轴，Z 轴是上下运动轴。直角坐标机器人的核心部件是直线运动单元（简称直线导轨），它是由精制铝型材、齿形带、直线运动滑轨和伺服电动机等组成的，作为运动框架和载体的精制铝型材，其截面形状均采用有限元分析法进行优化设计，从而进一步保证了其机械强度和直线度，滑动导轨系统是由轴承光杠和运动滑块组成的，传动机构可根据不同精度要求采用齿形带、齿条或滚珠丝杠。

利用直线运动单元可以组合出各种多维机器人，按其结构形式有 30 多种二维和三维机器人，还可以在 Z 轴上加上一个或两个旋转轴，构成四维和五维机器人。多维机器人按特定的组合构成完成特定功能的机器人或机器人组合。码垛机器人是最常见的一种，以形成多种标准形式的码垛机器人。

2. 码垛机器人

德国百格拉公司在 20 多年的应用中形成了一些标准化系列码垛机器人，这类码垛机器人主要用于在自动化生产过程中执行大批量工件的搬运、加工处理及转移等任务。

1）码垛机器人的结构

每个码垛机器人有两摞或三摞托盘，每摞托盘的数目和尺寸随应用而定。下面以 WMS 型机器人为例进行分析和介绍。

图 6-27 中，A 摞托盘中最上层的那个托盘被抬起并移动到水平位置，此时托盘及部件的装载或卸载位置可以通过自由编程来实现，一个托盘里的工件处理后被放回原处，当然也可以放到另一位置。下面描述其原理性工作过程，首先用传送带或手推车把一摞托盘送到 A 位置，A 摞托盘存放要处理的工件。通过工装使 A 摞托盘精确定位，手爪（Gripper）在导轨 Y 轴的带动下下降到最上面托盘位置，手爪抓紧托盘，升高到固定高度后停止。此时由另外一台二维 XZ 轴机器人对托盘里的工件进行处理。通常是取出工件到另一个工作位置上进一步处理，处理完毕后再放回托盘原来的位置。待整个托盘里的工件全处理完后，这时导轨 X 轴移动，将处理完的托盘送到 B 摞托盘位置，下降后放开 B 摞托盘最上面，然后

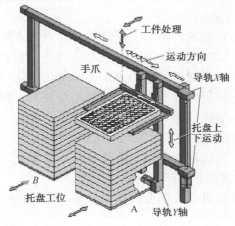

图 6-27　码垛机器人结构示意图

原路返回，抓取 A 摆托盘下一个待处理的托盘。从第一个托盘被处理完毕，然后送到 B 处，返回，再到 A 处抓取第二个待处理的托盘，上升到对其可以进行处理的位置，这个过程就是托盘交换过程，用时要小于 10 sec。整个过程可以对导轨 X 轴和 Y 轴的运行速度、加速度进行设置，降低导轨 X 轴和 Y 轴的运行时间，以提高效率，同时还可沿导轨 X 轴方向安装传输带，组成流水线模式，从而大大提高生产效率。

2）码垛机器人的技术规格

表 6-10 为 WMS 标准码垛机器人的结构技术数据，也可以按需要定做不同外形和尺寸的托盘，托盘也可以被旋转。可以扩展成多种码垛机器人来实现自动装载和卸载功能。托盘可以通过传送带运送也可以通过推车来送进码垛机器人内和从中取出。X 轴行程、Y 轴行程和手爪尺寸及抓取能力都可以按需来设计。由于控制系统是 IPC，可以方便地改动控制程序，从而通过改变运行速度和行程等来适用新产品。

表 6-10　WMS 标准码垛机器人的结构技术数据

技术规格/型号	WMS 400	WMS 600	WMS 800
托盘交换时间（s）	10	10	10
托盘负载总重量（kg）	Max.5	Max.20	20～30
托盘最大尺寸（mm）	300×400	400×600	600×800
定位精度（mm）	±0.1	±0.1	±0.1
总重量（kg）	大约 250	大约 300	大约 350
尺寸（W×D×H）(mm)	1 120×900×1 700	1 320×1 000×1 700	1 720×1 200×1 700
电控箱尺寸（mm）	600×500×1 600	600×500×1 600	600×500×1 600
提供电压（V）	400 V/50 Hz/3 ph	400 V/50 Hz/3 ph	400 V/50 Hz/3 ph
供给气压（bar）	5～6	5～6	5～6
控制系统和驱动系统	工控机/伺服电动机	工控机/伺服电动机	工控机/伺服电动机

3）码垛机器人的发展前景

现在有很多原因，包括包装的种类、工厂环境和客户需求等将码垛变成包装工厂里一块"难啃的骨头"。为了克服这些困难，码垛设备的各个方面都在发展、改进，包括从机械手到操作它的软件。最近市场上对灵活性的需求不断增长，这一趋势已经影响了包装等多个方面，生产线的后段也不例外。零售客户，尤其是那些具有影响力的如沃尔玛一样的大型超市，经常需要定做一些随机货盘，而且它们不得不定做每一个货盘，货盘的形式只是偶尔会有重复，而这类随机的货盘的高效生产是比较困难的。

对于随机货盘来说，码垛机器人是唯一的选择。尽管如此，机器人装载也面临比较多的问题，如果要以较高的速度进行生产，将更加困难。

一个处理随机装载的码垛机器人需要特殊的软件，通过软件，它可与生产线的其他部分相连接，这是个巨大的进步。

一个用来建造随机货盘的机器人能集成进工厂的仓库管理系统（WMS）。理想上，它会成为 WMS 的前段，与仓库软件一起协调工作，从而生产混合货盘。

精密的软件同样能够满足立即可上架货盘的需求。一般来说，这就意味着产品码垛完毕后，部分或者全部一次包装容器的标签都必须是朝外的。机器人码垛设备还是另外一个苛刻应用的选择——冷冻仓库内码垛。在消费商品包装领域，在一个冷冻仓库内处理箱子是最困难的工作之一。工人们不得不频繁地交替工作来保持身体暖和，这就间接地降低了工作效率并提高了劳动力成本。

在冷冻环境下，自动化随机存取式码垛机并不是正确选择，因为大多数自动化随机存取码垛机都使用在冷库里会结冰的压缩空气管。而与它相比，码垛机器人的尺寸更紧凑，由于冷冻仓库中的空间十分宝贵，因此这点显得尤为重要。尽管如此，码垛机器人在冷冻仓库中的应用也存在着一些问题。现在，一些供应商开始为冷冻仓库设计特殊的码垛机器人。

在采用码垛机器人的时候还要考虑一个重要的事情，就是机器人怎样抓住一个产品。真空抓手是最常见的机械臂臂端工具（EOAT）。相对来说，它的价格便宜，易于操作，而且能够有效装载大部分负载物。但是在一些特定的应用中，真空抓手也会遇到问题，如表面多孔的基质，内部装有液体的软包装，或者表面不平整的包装等。

其他的 EOAT 选择包括翻盖式抓手，它能将一个袋子或者其他包装形式的两边夹住；叉子式抓手，它可以插入包装的底部将包装提升起来；还有袋子式抓手，这是翻盖式和叉子式抓手的混合体，它的叉子部分能包裹住包装的底部和两边。

通过以上对码垛机器人的结构和工作过程的介绍使大家能够初步了解这类机器人的应用。由直角坐标机器人组成的码垛机器人非常适合这类应用，它不仅比其他机器人价钱低很多，而且效率更高，必将在更多的行业被更广泛地应用。

任务 7

工业机器人的离线编程

工业机器人离线编程技术是集机械、图形学、计算机等多门学科的一项技术，目前机器人离线编程软件主要集中在国外，国内在这方面起步较晚，整体水平还比较低。随着科学技术的不断发展和劳动力成本的不断上升，工业机器人已广泛应用于喷涂、五金打磨、石材雕刻等行业，因此迫切需要开发配套的离线编程软件来满足广大用户的需求。大量采用工业机器人离线编程软件，不仅可以大幅度提高劳动生产率，而且对保障人身安全，改善劳动环境，减轻劳动强度，提高产品的质量及降低生产成本有着重要的意义。

任务目标

（1）认识工业机器人离线编程的意义及重要性，理解离线编程是机器人智能化发展的必然性；

（2）熟悉工业机器人离线编程的主要流程，了解工业机器人离线编程在喷涂等领域的应用方法。

知识目标

（1）了解离线编程的含义及发展现状；

（2）掌握离线编程的基本原理；

（3）熟悉喷涂离线编程软件的操作界面及基本功能；

（4）掌握喷涂离线编程的基本操作。

能力目标

（1）会启用离线编程软件；

（2）能使用喷涂离线编程软件生成加工路径并进行仿真；

（3）会操作喷涂离线编程软件生成机器人识别的加工代码。

任务描述

在使用离线编程软件之前，大家需要了解离线编程的基本组成及基本原理，并掌握喷涂离线编程软件的基本操作步骤。喷涂离线编程软件的主界面如图7-1所示。本章将以喷涂离线编程软件为例，介绍离线编程的原理、基本组成及基本功能，让大家掌握喷涂离线编程软件的使用方法，为下一步使用离线编程软件做好技术准备。

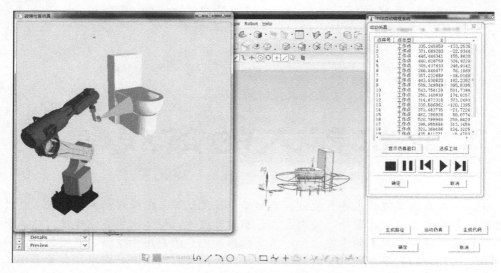

图 7-1　喷涂离线编程软件

7.1　离线编程的定义与发展现状

工业机器人编程指为了让工业机器人完成某项作业而进行的程序设计。工业机器人的编程方式主要有在线示教编程和离线编程，随着工业机器人技术的发展及应用行业越来越广泛，示教编程已不能有效满足用户的需求，因此迫切需要配套的离线编程软件来满足各行业的需要。由于国内在这方面起步较晚，整体水平比较低，目前离线编程软件主要集中在国外。

7.1.1　离线编程的定义

工业机器人编程方式主要分为在线示教编程和离线编程两种。在线示教编程指通过示教器直接操作机器人运动到指定的姿态和位置，并依次记录这些位置并保存为 NC 程序文件。而离线编程则无须操作机器人，而是依据三维模型依次提取轨迹点的信息，并自动生成 NC 程序文件，通过控制器的数据接口将 NC 程序导入控制器。工业机器人离线编程的数据交换如图 7-2 所示。

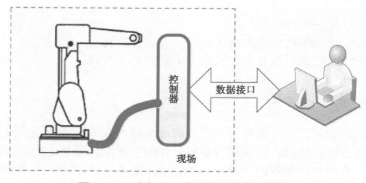

图 7-2　工业机器人离线编程的数据交换

下面针对这两种编程方式的特点进行比较，如表 7-1 所示。

表 7-1 在线示教编程和离线编程特点比较

	在线示教编程	离线编程
优点	（1）通过直接操作机器人完成，所见即所得，非常直观； （2）简单易学，对编程人员要求不高	（1）无须占用机器人的工作时间； （2）能根据工件几何特性自动生成运动轨迹，效率高，程序质量高； （3）编程人员的工作环境相对安全
缺点	（1）通常在线示教时间较长，效率低； （2）在线示教需要占用机器人的工作时间； （3）在线示教由人工控制位置和姿态，不能充分考虑工件的几何特性	（1）需要依靠运动仿真来验证程序； （2）其路径运行结果受到机器人定位精度的影响较大； （3）若要精通离线编程技术，需要掌握 CAD 相关基础知识

通过表 7-1 的比较可以看出，相比于在线示教编程，离线编程生成的代码有效性、编程灵活性、操作简便性方面都具有明显的优势。尤为重要的是离线编程改善编程人员的工作环境，避免了现场操作机器人时可能产生的危险，这在追求效率和人工成本的今天是必然的发展趋势。

7.1.2 离线编程的现状

各大机器人厂商几乎都推出了配套的机器人离线编程软件，较为著名的有 ABB 的 RobotStudio，KUKA 的 KUKA.Sim Pro 等。各大 CAD、CAM 软件公司也开始进军机器人行业，分别推出了机器人模块。例如，西门子公司一直很注重行业解决方案，推出的 ROBCAD 作为其产品生命周期管理软件的一部分；CNC Software 公司在其著名的 CAM 软件 MasterCAM 中加入了机器人模块，命名为 RobotMaster。

7.1.3 离线编程的组成

机器人离线编程从狭义上讲指通过三维模型生成 NC 程序的过程，在概念上与数控加工离线编程类似，都必须经过标定、路径规划、运动仿真、后置处理几个步骤，如图 7-3 所示。一般而言，机器人离线编程可针对单个机器人或流水线上多个机器人进行。将针对单个机器人工作单元的编程称为单元编程，将针对流水线上多个机器人工作单元的协调编程称为流水线编程。本质上，流水线编程是由单元编程组成的，但是需要注意在各单元编程时设置好节拍。

图 7-3 离线编程流程图

工业机器人操作与编程

机器人离线编程系统是以实现机器人离线编程为主要功能的工具，主要包括操作界面、三维模型、运动模型、轨迹规划算法、运动仿真、后置处理器、数据通信接口和机器人误差补偿。机器人离线编程系统的组成如图 7-4 所示。

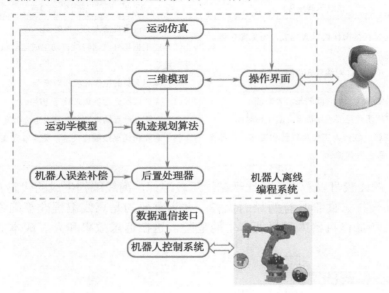

图 7-4　机器人离线编程系统的组成

1．操作界面

操作界面作为与用户交互的唯一途径，必须支持用户设定必要参数，同时将路径信息与仿真信息直观地显示给用户。

2．三维模型

三维模型是离线编程不可或缺的，路径规划和仿真都依托于已构建的机器人、工件、夹具及工具的三维模型，所以离线编程系统通常需要 CAD 系统的支持。目前的离线编程软件在 CAD 的集成模式上分为三种：包含 CAD 功能的独立软件，支持 CAD 文件导入的独立软件，集成于 CAD 平台的功能模块。

3．运动学模型

运动学模型通常指机器人的正逆运动学计算模型，一般要求与机器人控制系统采用同样的算法，主要用于运动仿真的关节运动角度计算，以及用于后置处理中生成直接控制关节运动量的快速运动。

4．轨迹规划算法

轨迹规划算法包括离线编程软件对工具运动路径的规划及控制系统对 TCP 运动的规划，前者与工艺相关，由编程人员确定；后者与控制系统中轨迹插值和速度规划算法有关，不同厂家的控制系统路径规划算法差异很大。

5．运动仿真

运动仿真是检验轨迹合法性的必要过程和重要依据，编程人员需要根据仿真检查路径

的正确性，及时避免刚体间的碰撞干涉。

6. 数据通信接口

数据通信接口是指离线编程系统与机器人控制系统进行数据交换的方式，常见的有通过网线、USB 接口、CF 卡等。

7. 机器人误差补偿

由于机器人连杆制造和装配的误差，以及刚度不足、环境温度变化等因素的影响，机器人的定位精度通常要比机床低很多，如 ABB IRB2400 的定位精度为±1 mm，这可以通过标定误差、修正 NC 指令等措施予以改善。

7.1.4　离线编程语言

如图 7-5 所示，离线编程语言是用符号来描述机器人运动的一种专用语言，是离线编程系统与机器人控制器进行通信的载体。之前提到的 NC 程序文件就是保存有用离线编程语言编写的一段描述机器人运动的程序文件。各个机器人控制器厂家都有自己的编程语言，但都是由数据操作指令、运动指令、逻辑指令及注释等组成的。

```
130   P[25]
131   {
132      GP: 1, UF: 0, UT: 6, CONFIG: 0 -1 0 -1,
133      POS: 1026.160002 7.237118 315.867056 90.000000 90.404444 -90.000000 0.000000 0.000000 0.000000
134   };
135   P[26]
136   {
137      GP: 1, UF: 0, UT: 6, CONFIG: 0 -1 0 -1,
138      POS: 1026.160002 7.237118 365.867056 90.000000 90.404444 -90.000000 0.000000 0.000000 0.000000
139   };
140
141   <begin>
142      1:  LOOKAHEAD=ON
143      2:L  P[1] R[0]mm/sec CNT1
144      3:L  P[2] R[0]mm/sec CNT1
145      4:L  P[3] R[0]mm/sec CNT1
146      5:L  P[4] R[0]mm/sec CNT1
147      6:L  P[5] R[0]mm/sec CNT1
148      7:L  P[6] R[0]mm/sec CNT1
149      8:L  P[7] R[0]mm/sec CNT1
150      9:L  P[8] R[0]mm/sec CNT1
151     10:L  P[9] R[0]mm/sec CNT1
152     11:L  P[10] R[0]mm/sec CNT1
153     12:L  P[11] R[0]mm/sec CNT1
154     13:L  P[12] R[0]mm/sec CNT1
155     14:L  P[13] R[0]mm/sec CNT1
156     15:L  P[14] R[0]mm/sec CNT1
157     16:L  P[15] R[0]mm/sec CNT1
158     17:L  P[16] R[0]mm/sec CNT1
159     18:L  P[17] R[0]mm/sec CNT1
160     19:L  P[18] R[0]mm/sec CNT1
161     20:L  P[19] R[0]mm/sec CNT1
162     21:L  P[20] R[0]mm/sec CNT1
163     22:L  P[21] R[0]mm/sec CNT1
164     23:L  P[22] R[0]mm/sec CNT1
165     24:L  P[23] R[0]mm/sec CNT1
166     25:L  P[24] R[0]mm/sec CNT1
167     26:L  P[25] R[0]mm/sec CNT1
168     27:L  P[26] R[0]mm/sec CNT1
169     28:  LOOKAHEAD=OFF
170     29:END
171   <end>
```

图 7-5　华数机器人示例控制代码

1. 数据操作指令

数据操作指令是指向控制系统的数据存储区写入或读取数据的指令，包括位置数据的

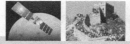

定义与读取、坐标系数据的定义与读取、寄存器数据的修改等。

2. 运动指令

运动指令是告诉控制器以何种方式运动到指定位置的指定，运动指令通常有三种类型：关节定位（J）、直线运动（L）、圆弧运动（C）。

3. 逻辑指令

逻辑指令通常用来完成条件运行和循环运行两种逻辑需求，这两种运行方式都需要对特定的条件进行逻辑判断。逻辑判断包括大于、大于等于、小于、小于等于、等于、不等于、与、或、非等。

4. 注释

用于编程人员在 NC 程序文件中记载备注信息，便于控制器在载入程序时能直观显示所记载的信息。控制器并不会执行注释。

7.1.5 机器人离线编程软件的功能说明

华数机器人离线编程软件（Intelligent Numerical Control Robot，以下简称 iNCRobot）是由华中科技大学国家数控系统工程技术研究中心针对机器人离线编程开发的一款应用软件。该软件以 SIEMENS NX 作为 CAD 操作平台，通过该软件不仅可以规划机器人路径生成轨迹、输出机器人 NC 程序，还可以实现机器人运动仿真、干涉检查，以及实现对机器人参数、工具参数的实时修改。目前该软件主要用于航空件喷漆、汽车零部件磨削、钣金喷漆、激光加工等行业。具体涉及的应用包括以下方面。

- 喷涂、烤漆，如卫浴、洁具的喷漆；
- 复杂零件的多轴铣削加工；
- 研磨/抛光，如五金零件的磨削加工；
- 模具淬火；
- 石材雕刻，如各种工艺品的模型制作、加工；
- 激光切割和焊接。

1. iNCRobot 软件具体功能

iNCRobot 软件主要有以下功能，其结构如图 7-6 所示。

图 7-6 iNCRobot 软件功能

1）路径模板功能

考虑到用户进行路径规划时可能会有许多路径是相同或者类似的，iNCRobot 提供了一个路径模板功能，即可以将备用路径存于模板中以供用户随时使用。

2）运动仿真功能

iNCRobot 具备模拟仿真功能，编程人员可在软件中根据所设计路径规划模拟实际机器人的运动。用户可根据仿真效果、干涉分析对所设计的路径的合理性有直观了解，进而调整路径规划得出合理的加工方案。

3）离线编辑功能

iNCRobot 提供了较为丰富的数据编辑功能。操作过程中的路径生成过程、机器人模型选择、工具选择等数据都可以进行人为编辑。当然，也可以用刀位点编辑功能方便地对难加工的区域进行"定点处理"。这些编辑功能不仅极大地提高了软件使用的灵活性，也使得生成的 NC 代码的可靠性及合理性得到了有力保证。

4）文件转换功能

利用 iNCRobot 可以输出华数 HNC、ABB、KUKA 等多种类型的机器人控制代码文件。此外还可以直接将 UG 的 CAM 模块刀位文件直接导入 iNCRobot 中进行转换，该功能极大地拓展了 iNCRobot 的适用范围。此外，iNCRobot 还提供了整个工程软件的文件保存、打开功能，用户在使用软件过程中可以随时保存路径文件以便于资料备份，重新打开软件时也可以直接打开已保存的路径文件，以节省操作时间。

5）工件标定功能

工件标定是确定编程坐标系中和实际加工环境中工件安装的位置和姿态关系，因而在标定时需要输入由加工现场机器人示教器在工件上测得的 3 个点坐标。这 3 个点坐标即确定了实际加工工件与机器人的位置关系，将该坐标值存入文本形式的 TXT 文档中，通过"读取标定文件"按钮读入该值。再通过"UG 刀路规划"界面中的 UG 选取点功能获取编程用工件上对应于 3 个点的坐标。这 3 个点的位置应与实际加工时机器人读取工件 3 个点的位置相一致，如图 7-7 所示。

图 7-7　卫浴喷涂工件标定操作界面

如图 7-7 所示，完成点的参数输入后，设置"工作坐标系"名称单击"确定"按钮后工件坐标系就定义好了，此时返回"加工参数设置"界面后即可显示刚刚设置的坐标系名称。

2. iNCRobot 软件主要操作特点

（1）由于 iNCRobot 是基于 SIEMENS NX 所开发的离线编程软件，因而具有完善的 CAD 建模与直观的人机交互界面系统。机器人三维显示如图 7-8 所示。同时，iNCRobot 中工件模型、工具模型、机器人模型都以三维模式显示给用户，以达到客户在任何位置都可以观察其操作动态的目的。

（2）如图7-9所示，iNCRobot提供了不同功能模块，能快速生成适用于不同工艺的路径。

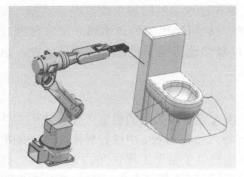

图 7-8　iNCRobot 操作状态的三维显示　　　　图 7-9　iNCRobot 不同功能模块选择

（3）iNCRobot 支持已有路径的复制、粘贴。能根据已保存的路径快速建立新的类似路径，同样也能很方便地在当前路径中插入另一条已存在的路径。

（4）iNCRobot 可以对操作过程中所用机器人型号、工具等进行选择甚至自行设置参数，如图 7-10 和图 7-11 所示。iNCRobot 软件自带机器人型号有 ABB、KUKA、HSR 等几类，自带工具则根据加工类型分为若干种，同时用户可以根据需求编辑或增加新的工具类型。

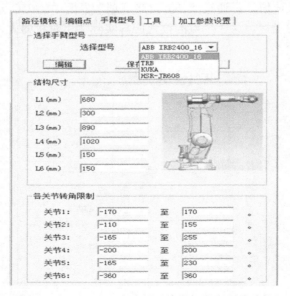

图 7-10　iNCRobot 中选择、编辑机器人型号功能

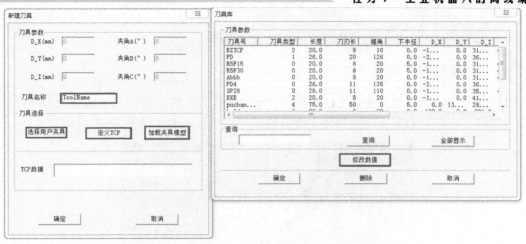

图 7-11　iNCRobot 中选择、新建工具功能

（5）iNCRobot 的工具（包括刀具和夹具）是通过软件界面添加的。添加步骤为"选择用户夹具"|"定义 TCP"|"加载夹具模型"，具体操作可以参见《机器人离线编程软件使用手册》。在定义完 TCP 后，界面中将返回得到的 TCP 数据，如此就可将所需添加的夹具新增到 iNCRobot 所对应的夹具库中。

（6）iNCRobot 支持输出多种格式的机器人 NC 代码，支持输出华数机器人、ABB、KUKA 等主流机器人厂家格式的 NC 程序。

（7）支持三维仿真与碰撞检查，通过三维仿真可以观察机器人的位置姿态，检查编程结果是否合理；仿真过程中如果发生干涉，则显示警告提示，根据仿真结果及时进行人工修正，提高编程效率和代码质量。

7.2　马桶喷釉离线编程实例

7.2.1　喷釉工艺分析

本例选择卫浴产品中较为复杂的坐便器作为加工对象，如图 7-12 所示。本例使用的机器人型号为 HSR-JR 608，该机器人控制器配备的是华数机器人控制器。为了使机器人能够一次加工到工件的大部分表面，在工件端安装轴线为 Z 方向的旋转变位机，使坐便器绕 Z 轴旋转。

现场的喷涂要求包括：

（1）利用喷涂机器人对坐便器进行喷釉，要求对所有外侧可见面均匀喷釉。

（2）喷涂时，为了保证工件表面釉料均匀，喷枪距工件表面的距离控制在 300± 50 mm。

（3）在空行程中，要求喷雾关闭，避免浪费釉料。

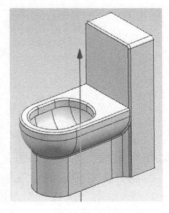

图 7-12　坐便器模型

（4）为了保证喷涂效率，要求喷枪速度不能低于 500 mm/sec。

（5）为了保证工件表面釉料的厚度，需要对工件喷涂两次。

7.2.2 喷釉操作步骤

（1）打开坐便器模型，通过 UG 旋转和移动的操作方式将坐便器三维模型的工作台 Z 轴方向和旋转工作台中心重合，并且使坐便器的前方正对机器人，如图 7-13 所示。

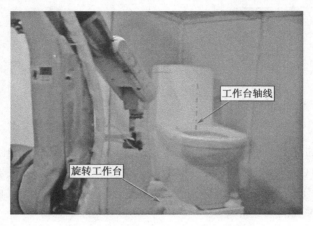

图 7-13　旋转工作台

（2）在"Robot"模块中选择"编程"命令，弹出机器人离线编程加工模块的"路径列表"界面，如图 7-14 所示。

图 7-14　离线编程加工模块的"路径列表"界面

（3）然后选择"功能"|"新建操作"|"新建卫浴喷涂加工策略"选项，弹出"TRB 自动编程系统"界面，如图 7-15 和图 7-16 所示。

（4）先对顶面进行规划。

① 单击"选择点"单选钮，在顶面上依次选择工作点，"喷雾控制"设置值为 0、1、2，分别对应不同的喷雾类型，可根据实际情况选择不同的喷雾类型，设置对应的值。

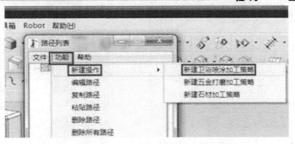

图 7-15　新建操作

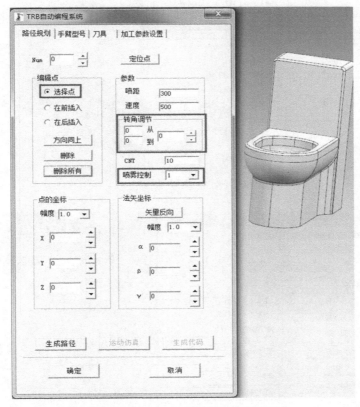

图 7-16　"TRB 自动编程系统"界面

② 工作点的"转角"设置可根据实际仿真情况进行调整，使得喷雾姿态符合实际加工状态，调整的范围为-180°～180°。

③ "喷距"可以设置喷枪到工件表面之间的距离。

④ "速度"可以设置仿真时机器人的运动速度。

⑤ "CNT"可以设置实际加工中机器人过渡误差补偿值。界面中这 3 个参数一般设为默认值，如图 7-17 所示。

（5）对后侧面进行路径规划。

① 单击"选择点"单选钮，在后侧面上依次选择工作点。

② 第一个点和最后一个点（图中高亮）的"喷雾控制"设置为"0"，其余点设置为

"1"。其他参数设为默认值，如图 7-18 所示。

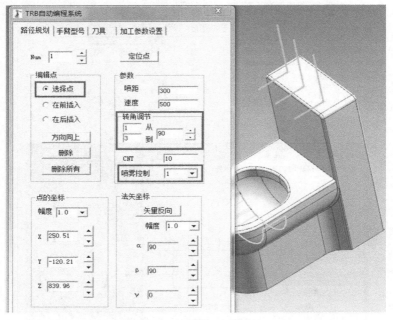

图 7-17　顶面的路径规划

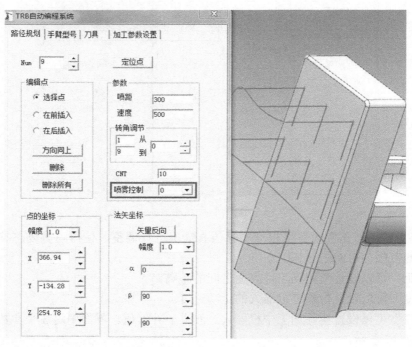

图 7-18　后侧面的路径规划

（6）对左侧面进行路径规划。依次选择工作点，参数设置同步骤（5），如图 7-19 所示。

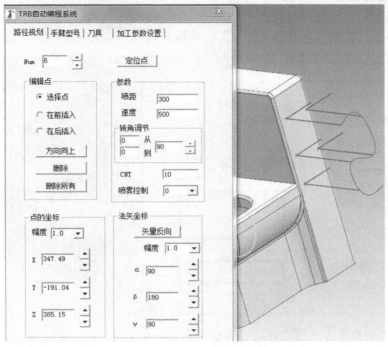

图 7-19 左侧面的路径规划

（7）对前侧面进行路径规划。依次选择 4 个点，参数设置同步骤（5），如图 7-20 所示。

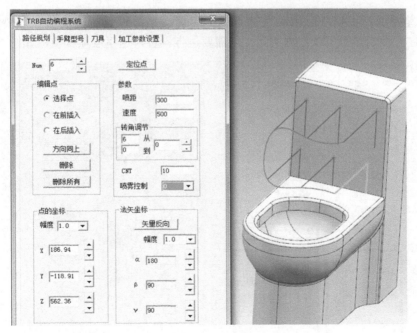

图 7-20 前侧面的路径规划

（8）对坐垫区进行路径规划。

① 依次选择工作点，按照喷涂工艺将第一个点和最后一个点的"喷雾控制"设置为

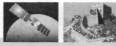

"0"，其余点设置为"1"。

② 所有点的"转角"设置为"90°"。其他参数设为默认值，如图 7-21 所示。

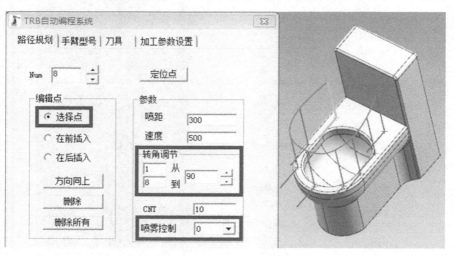

图 7-21　坐垫区的路径规划

（9）对右侧面及下方外围进行路径规划。

① 选取工作点，使路径能够覆盖整个坐便器。

② 调整喷枪矢量的方向，使每层中喷枪末端基本位于同一水平面内，必要时还可以调整点的位置。

③"喷雾控制"根据实际情况选择不同的喷雾类型，设置对应的值。"喷距"、"速度"、"CNT"控制参数可以根据实际加工需要进行设置，这里取默认值，如图 7-22 所示。

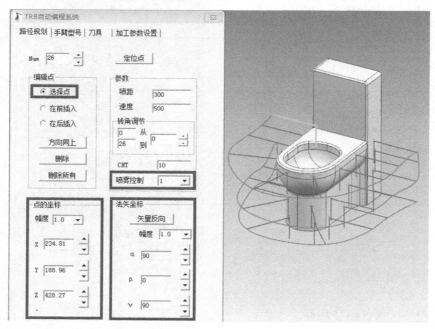

图 7-22　右侧面及下方外围的路径规划

（10）每次路径规划完成后，切换到"手臂型号"选项卡，在"选择型号"下拉列表框中选择机器人型号。这里选择 HSR-JR608 机器人，如图 7-23 所示。

（11）切换到"刀具"选项卡，单击"选择刀具"按钮，弹出"查询"列表，选择"SprayGun"工具并单击"确定"按钮，如图 7-24 所示。

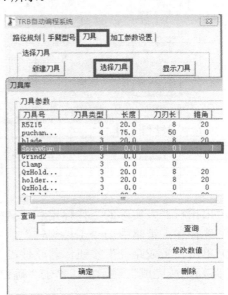

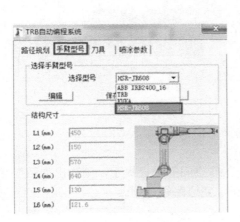

图 7-23　选择机器人型号　　　　　图 7-24　选择刀具

（12）切换到"加工参数设置"界面。

① "工件标定"利用机器人 3 点标定的方法在实际工件上找出易于标定的 3 个点，并从示教器中读出 3 个点的坐标值，依次填入文本中，即标定文件，其格式如图 7-25 所示。

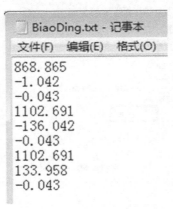

图 7-25　标定文件格式

② 在模型中标识出对应的 3 个点，然后按填入文本中的顺序依次选择 3 个点。

③ 单击"读取标定文件"按钮，读取已经配置好的标定文件，对工作坐标系命名，单击"确定"按钮后即可完成标定。

④ 如图 7-26 所示，输入"模块名称"，模块名称可以是数字或字母。

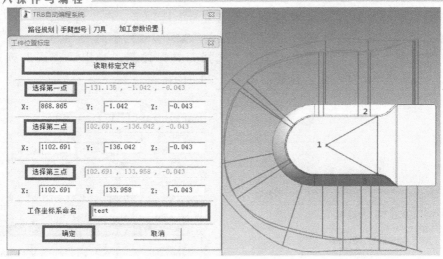

图 7-26　工件标定设置

⑤ 根据机器人实际的工件标定和工具标定选择工作坐标系。

⑥ 选择加工策略中的"工件旋转"。

⑦ 单击"生成路径"按钮，若软件没有超出工作空间等错误提示，则弹出如图 7-27 所示的"路径生成完成"提示框，单击"确定"按钮，完成路径规划。

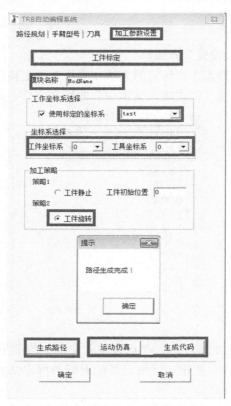

图 7-27　"路径生成完成"提示框

（13）路径生成成功后，"运动仿真"和"生成代码"按钮变为可用。

① 单击"运动仿真"按钮，弹出"运动仿真"对话框。

② 单击"选择工件"按钮，弹出"选择工件"对话框，选择加工工件，则仿真界面会显示工件。单击"▶（开始）"按钮即可观看运动仿真的情况。在"运动仿真"对话框中可以快放、慢放、暂停和停止，如图 7-28 所示。可以在运动仿真过程中检查编程的正确性，完成后单击"确定"按钮关闭"运动仿真"对话框。

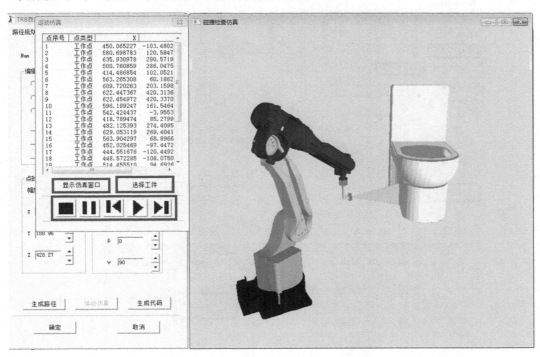

图 7-28　运动仿真

（14）通过运动仿真，在确认路径正确后，即可生成机器人的控制代码。

① 单击"生成代码"按钮，弹出"文件输出"对话框，在该界面中可以选择输出多种类型的机器人代码，包括输出关节角、ABB、KUKA、HNC 机器人的控制代码。根据实际需要选择合适的输出代码，本例中选择"HNC 代码"。

② 单击"输出代码"按钮，选择代码保持的文件名和文件路径，确定后即可。

③ 单击"阅读代码"按钮可以查看输出的代码。单击"确定"按钮完成机器人控制代码输出，如图 7-29 所示。

（15）代码输出完成后，可以对规划的路径进行保存，以便下一次打开重新进行编辑。

① 单击"TRB 自动编程系统"界面中的"确定"按钮，关闭"TRB 自动编程系统"界面。

② 在"路径列表"界面中单击"文件"|"保存"选项，输入文件名称，选择文件保存的路径，确定后提示保存是否成功。

③ 关闭路径列表，则退出机器人离线编程加工模块。

④ 单击"打开"命令可以打开保存的文件，重新进行编辑；"新建"命令可以新建一

个模块，该模块默认和已存在的模块类型相同，如图 7-30 所示。

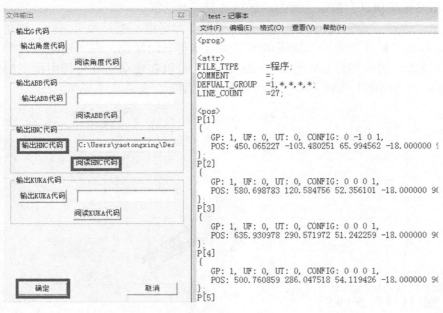

图 7-29　生成代码

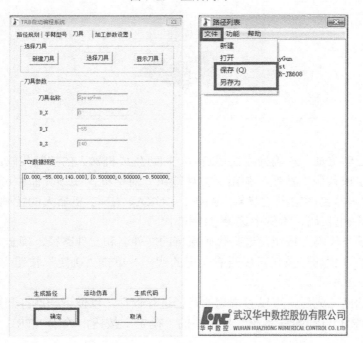

图 7-30　路径保存

（16）将输出的代码载入机器人控制系统中就可以进行测试和使用了。本例使用的机器人控制器是华中数控机器人控制器，因此输出的是 HNC 代码。在机器人上进行测试，测试的效果如图 7-31 和图 7-32 所示。

图 7-31　喷涂现场测试

图 7-32　喷涂后的坐便器

对本任务的考核与评价参照表 7-2。

表 7-2　考核与评价

基本素养（30 分）			
序号	评估内容	自评	互评	师评
1	纪律（无迟到、早退、旷课）（10 分）			
2	安全规范操作（10 分）			
3	参与度、团队协作能力、沟通交流能力（10 分）			
理论知识（30 分）			
序号	评估内容	自评	互评	师评
1	离线编程的定义与发展现状（10 分）			
2	离线编程软件的基本组成（10 分）			
3	离线编程语言的理解（10 分）			
技能操作（40 分）			
序号	评估内容	自评	互评	师评
1	符合离线编程软件安全操作规程（5 分）			
2	正确启用离线编程软件（5 分）			
3	按照规程完成路径规划（10 分）			
4	完成路径规划后进行加工仿真（10 分）			
5	完成路径调整，生成加工代码（10 分）			
综合评价			

思考与练习题 7

一、填空题

1．工业机器人的编程方式主要有_____和_____。

2．通过离线编程软件不仅可以规划机器人路径生成轨迹、_____，还可以_____、干涉检查，以及实现对机器人参数、工具参数的实时修改。

3．机器人离线编程系统是以实现机器人离线编程为主要功能的工具，主要包括操作界面、三维模型、运动模型、_____、_____、后置处理器、数据通信接口和机器人误差补偿。

4．离线编程从狭义上讲指通过三维模型生成 NC 程序的过程，在概念上与数控加工离线编程类似，都必须经过_____、_____、运动仿真、后置处理几个步骤。

二、简答题

1．与在线示教编程相比，离线编程有什么优点？

2．HSRC 离线编程软件主要操作特点是什么？

3．离线编程的操作过程包括哪些？

附录 A　程序报警定义

报警号	报警级别	报 警 定 义	备　　注
5100	2	分配内存失败	
5200	2	加载程序失败	
5300	2	语法匹配失败	
5400	2	指令格式错误	
5500	2	位置变量（P）地址无效	位置变量（P）地址最大为 999
5600	2	位置寄存器（PR）地址无效	位置寄存器（PR）地址最大为 99
5700	2	寄存器（R）地址无效	寄存器（R）地址最大为 199
5800	2	寄存器（AR）地址无效	参数寄存器（AR）地址最大为 9
5900	2	缺少位置参数	移动指令（J、L、C）未指定位置参数
6000	2	缺少速度参数	移动指令（J、L、C）未指定速度参数
6100	2	缺少数据单位	缺少单位，如 mm/sec
6200	2	缺少轨迹过渡类型	移动指令（J、L、C）缺少过渡类型（FINE/CNT）
6300	2	跳转目标无效	
6400	2	子程序不存在	
6500	2	子程序嵌套层次过多	最多允许嵌套调用 10 层
6600	2	缺少执行语句	IF 指令缺少执行语句 JMP 或 CALL
6700	2	参数无效	CALL 指令传递的参数（AR）无效，仅支持字符串型和数型参数
6800	2	参数过多	CALL 指令最多可传递 10 个参数（AR）
6900	2	除零	
7000	2	数据类型不一致	位置寄存器指令操作数类型不一致，应统一为关节位置或直角坐标位置
7100	2	用户报警号无效	用户报警号范围是 9000～9099，超出此范围无效
7200	2	数字 I/O 地址无效	地址超出允许范围
7300	2	模拟量 I/O 地址无效	地址超出允许范围

附录 B　HSR-JR 608 程序指令

指 令 类 型	指 令 名 称	指 令 功 能
运动指令	J	关节定位
	L	直线定位
	C	圆弧定位
寄存器指令	R	寄存器
	PR [i]	位置寄存器
	PR[i,j]	位置寄存器轴指令
I/O 指令	DI/DO	数字输入/输出
	AI/AO	模拟量输入/输出
条件指令	IF	条件比较
等待指令	WAIT	等待条件满足，再执行后续程序
流程控制指令	LBL	标签指令
	END	程序结束指令
	JMP LBL	跳转指令
	CALL	程序调用指令
其他指令	UTOOL	工具坐标系设置指令
	UFRAME	工件坐标系设置指令
	UTOOL_NUM	工具坐标系选择指令
	UFRAME_NUM	工件坐标系选择指令
	UALM	用户报警指令
	OVERRIDE	倍率指令
	MESSAGE	信息指令
	LOOKAHEAD	预读指令

参 考 文 献

[1] 张培艳. 工业机器人操作与应用实践教程[M]. 上海：上海交通大学出版社，2009.

[2] 叶晖，管小清. 工业机器人实操与应用技巧[M]. 北京：机械工业出版社，2010.

[3] 叶晖. 工业机器人典型应用案例精析[M]. 北京：机械工业出版社，2013.

[4] 兰虎. 焊接机器人编程及应用[M]. 北京：机械工业出版社，2013.

[5] 孙迪生，王炎. 机器人控制技术[M]. 北京：机械工业出版社，1997.

[6] 佘达太，马香峰. 工业机器人应用工程[M]. 北京：冶金工业出版社，1999.

[7] 柳洪义，宋伟刚. 机器人技术基础[M]. 北京：冶金工业出版社，2002.

[8] 杨叶勇. 仓储与配送管理实训教程[M]. 北京：中国农业大学出版社，北京大学出版社，2009.

[9] 周晓杰. 物流仓储与配送实务[M]. 北京：机械工业出版社，2011.

[10] HSR 机器人用户手册.

反侵权盗版声明

电子工业出版社依法对本作品享有专有出版权。任何未经权利人书面许可，复制、销售或通过信息网络传播本作品的行为，歪曲、篡改、剽窃本作品的行为，均违反《中华人民共和国著作权法》，其行为人应承担相应的民事责任和行政责任，构成犯罪的，将被依法追究刑事责任。

为了维护市场秩序，保护权利人的合法权益，我社将依法查处和打击侵权盗版的单位和个人。欢迎社会各界人士积极举报侵权盗版行为，本社将奖励举报有功人员，并保证举报人的信息不被泄露。

举报电话：（010）88254396；（010）88258888

传　　真：（010）88254397

E-mail：　dbqq@phei.com.cn

通信地址：北京市海淀区万寿路 173 信箱

　　　　　电子工业出版社总编办公室

邮　　编：100036